U0314906

高等院校土木工程专业教材

HUAFA JIHE

画法几何

周佶 尹述平 主编

知识产权出版社
全国百佳图书出版单位

中国水利水电出版社
www.waterpub.com.cn

内容提要

本书主要内容涵盖了点、线、面、体的正投影理论和实例。其中既有正投影也有标高投影的理论和实例。书中详细讲解了利用综合分析法和投影变换法解决几何元素的空间定位和度量等问题。为了满足目前教学改革的需要，本书压缩了一些不常用的传统内容，使得画法几何中和专业制图关系密切的内容更加充实，让学生学习"画法几何及工程制图"课程时更易、更快、更好，为专业制图打好坚实的理论基础。

本书可作为高等工科院校各土木工程、建筑类专业的"画法几何及工程制图"课程的教科书或教学参考书。

与本书配套的《画法几何习题集》将另册同时出版。

责任编辑：张　冰

图书在版编目（CIP）数据

画法几何/周佶，尹述平主编．—北京：知识产

权出版社：中国水利水电出版社，2011.8（2018.8 重印）

高等院校土木工程专业教材

ISBN 978-7-5130-0719-1

Ⅰ．①画…　Ⅱ．①周…　②尹…　Ⅲ．①画法几何

Ⅳ．①O185.2

中国版本图书馆 CIP 数据核字（2011）第 143559 号

高等院校土木工程专业教材

画法几何

周　佶　尹述平　主编

出版发行：知识产权出版社有限责任公司　中国水利水电出版社	
社　　址：北京市海淀区气象路50号院	邮　　编：100081
网　　址：http：//www.ipph.cn	邮　　箱：bjb@cnipr.com
发行电话：010-82000860 转 8101/8102	传　　真：010-82005070/82000893
编辑电话：010-82000860 转 8024	编辑邮箱：zhangbing@cnipr.com
印　　刷：三河市国英印务有限公司	经　　销：新华书店及相关销售网点
开　　本：787mm×1092mm　1/16	印　　张：8.5
版　　次：2003 年 9 月第 1 版	印　　次：2018 年 8 月第 9 次印刷
字　　数：202 千字	印　　数：22601～24100 册
定　　价：18.00 元	

ISBN 978-7-5130-0719-1/O·010（3611）

前　　言

　　为了适应教育改革的需要，我们依据教育部制订的《画法几何课程教学大纲》的要求，编写了本教材。考虑到目前高等学校扩大招生后出现的新情况和新要求，本教材对画法几何的投影理论作了系统的阐述。针对目前工科院校学生学习画法几何时出现的问题，我们对相关的内容重新作了编排。为了便于学生学习和教师讲解，增强了对实例求解过程的描述，并对学生普遍认为比较困难的问题，增加了多种解题方法和解题思路。并根据土建制图的要求增加了标高投影部分的内容。

　　为了便于学习和复习，每一章节的开头，增加了章节的要点和提示，使得学习目标明确，重点突出，更易于学习和掌握。

　　本教材内容充实、重点突出。为了使图样清晰，增大了插图的尺寸，既方便了教师讲解，也方便了学生自学。

　　与本教材配套的《画法几何习题集》将另册同时出版。

　　本教材由南京工业大学周佶、尹述平主编。其中第一、三、五、七、八、九、十一章由周佶编写；第二、四、六、十章由尹述平编写。

　　由于编者的水平所限，加之时间仓促，书中错误不当之处在所难免，恳请读者批评指正。如有疑问请通过电子邮件与作者联系。

E－mail：zhouji63@163.com。

南京工业大学　　周佶　尹述平

2003 年 7 月

目　　录

第一章 投影的基本知识

本章要点

⊛ 投影概念
⊛ 投影的分类
⊛ 平行投影的四个基本特性
⊛ 三面投影体系
⊛ 投影图的投影关系

在工程实践中，由于工程设计和生产施工经常是由不同的群体完成。群体内和群体间需要交流，而像地面、建筑物、机器等的形状、大小、位置等信息，很难用语言或文字来表达，而图形是最佳的表达形式。当研究空间物体如何用图形来表达时，由于空间物体的形状、大小和相互位置等各不相同，不便以个别物体来逐一研究。为了使得研究时易于做到正确、深刻和完全，以及所得结论能广泛地应用于所有物体，需采用几何学中将空间物体综合和概括成抽象的点、线、面、体等几何形体的方法。研究这些几何形体在平面上如何用图形来表达，以及如何通过作图来解决它们的几何问题。这种研究在平面上用图形表达空间几何形体和运用几何作图解决空间几何问题的学科，称为画法几何。

画法几何是工程制图不可或缺的基础。画法几何及工程制图对于高等工科学校的学生来说，无论在专业课的学习、设计和生产实习中，还是在毕业后的工作岗位上，都是必不可少的重要基础技术课。是工科院校的主干课程之一。课程主要培养学生图示空间形体和图解空间几何问题的能力；正确地使用绘图工具和仪器，掌握绘图的技巧和方法；以及绘制和阅读工程图的能力，进一步培养空间想像能力和逻辑思维能力。

1.1 投影

1.1.1 投影的形成

投影的形成来源于日常的自然现象,当光线照射物体时,就会在地上产生影子,如图1.1.1 所示。影子只能反映物体的外轮廓,人们在这种自然现象的基础之上,对影子的产生过程进行了科学的抽象,即将光线抽象为投射线,将物体抽象为形体,将地面抽象为投影面,于是创造出投影的方法。如图 1.1.2 所示。投射线、形体、投影面是投影的三要素。

投影能把形体上的点、线、面都显示出来，所以在平面上可以利用投影图把空间形体的几何形状和大小表示出来。

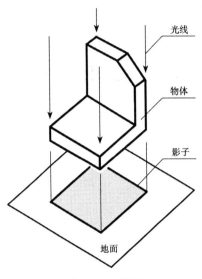

图 1.1.1 影子

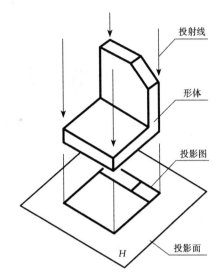

图 1.1.2 投影

1.1.2 投影的分类

按照投射线之间的关系投影可以划分为中心投影、平行投影。

当投射线都是从一点发出时称为中心投影，如图 1.1.3 所示。

当投射线相互平行时称为平行投影，如图 1.1.4 所示。在平行投影中，又根据投射线与投影面之间的相对位置分为斜投影、正投影，如图 1.1.4 所示。

当投射线和投影面倾斜时称为斜投影，如图 1.1.4（a）所示；当投射线和投影面垂直时称为正投影，如图 1.1.4（b）所示。

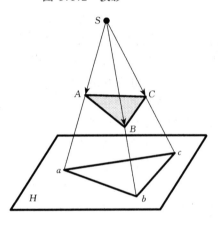

图 1.1.3 中心投影

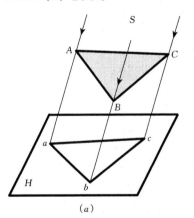

（a）

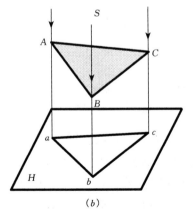

（b）

图 1.1.4 平行投影
（a）斜投影；（b）正投影

1.2　平行投影的基本特性

1.2.1　实形性

当直线或平面平行于投影面时，其投影反映实长或实形。如图 1.2.1 所示。直线 AB 平行于投影面 H，其投影 ab 反映 AB 的真实长度，即 $ab = AB$。平面 $\triangle CDE$ 平行于 H 面，其投影 $\triangle cde \cong \triangle CDE$。

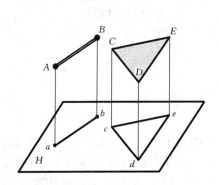
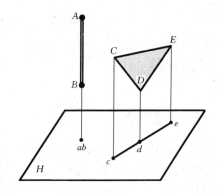

图 1.2.1　实形性　　　　　　　　　图 1.2.2　积聚性

1.2.2　积聚性

当直线或平面平行于投射线，或正投影中垂直于投影面时，其投影积聚为一点或一直线，如图 1.2.2 所示。直线 AB 和平面 $\triangle CDE$ 垂直于投影面而产生积聚性，直线积聚为一点，平面积聚为一直线。

1.2.3　同素性

一般情况下，直线或平面不平行于投射线，其投影仍为直线或平面。当直线或平面不平行于投影面时，其投影不反映实长或实形。如图 1.2.3 所示。直线 AB 不平行于投射线，也不平行于 H 面，故其投影 $ab \neq AB$。平面 $\triangle CDE$ 不平行于投射线，亦不平行于 H 面，其投影 $\triangle cde$ 不反映 $\triangle CDE$ 的实形，是其类似形。

1.2.4　平行性

当空间两直线互相平行时，它们的投影仍互相平行，而且它们的投影长度之比等于空间长度之比。如图 1.2.4 所示。空间两直线 $AB /\!/ CD$，它们的投影 $ab /\!/ cd$，且 $ab : cd = AB : CD$。

由于正投影属于平行投影，因此以上性质同样适用于正投影。

本书的内容主要针对于正投影，若无特别说明，所谓的"投影"均指"正投影"。

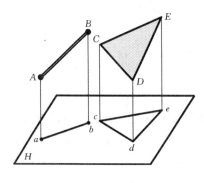

图 1.2.3 同素性

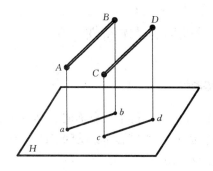

图 1.2.4 平行性

1.3 三面投影

1.3.1 三面投影体系

由于空间物体是三维的，而投影是二维的，因此只用一个投影是不能完全确定空间物体的形状和大小的。为此，需设立三个互相垂直的平面作为投影面，如图 1.3.1 所示。水平投影面用 H 标记，简称水平面或 H 面；正立投影面用 V 标记，简称正面或 V 面；侧立投影面用 W 标记，简称侧面或 W 面。两投影面的交线称为投影轴，H 面与 V 面的交线为 OX 轴，H 面与 W 面的交线为 OY 轴，V 面与 W 面的交线为 OZ 轴，三轴的交点为原点 O。

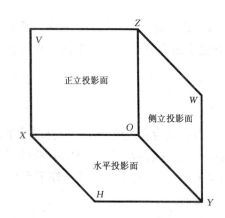

图 1.3.1 三面投影体系

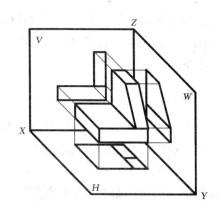

图 1.3.2 形体的三面投影

将形体放置于三面投影体系中，从上向下投影在 H 面上得到 H 面投影，称为水平投影；从前向后投影在 V 面上得到 V 面投影，称为正面投影；从左向右投影在 W 面上得到 W 面投影，称为侧面投影。如图 1.3.2 所示。

绘图时，需要将空间的三个投影展开并使得它们位于同一平面上，展开后的形式如图 1.3.3 所示。展开时以 V 面为准，将 W 面和 H 面分别向后和向下展开到 V 面所在的平面上。此时，由于 Y 轴被剪开，故在 H 投影面和 W 投影面中都有 Y 轴存在，为了区别起见，将 H 面中的 Y 轴标记为 Y_H，W 面中的 Y 轴标记为 Y_W。

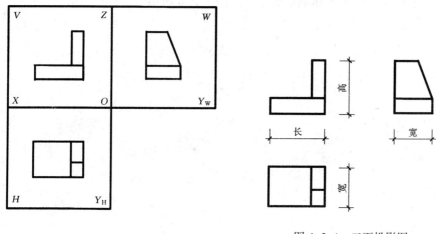

图 1.3.3　投影图的展开

图 1.3.4　三面投影图
相互之间的关系

1.3.2　投影关系

在三面投影体系中，形体的 X 轴向尺寸称为长度，Y 轴向尺寸称为宽度，Z 轴向尺寸称为高度。根据形体的三面投影图可以看出：H 投影位于 V 投影的下方，且都反映形体的长度，应保持"长对正"的关系；W 投影位于 V 投影的右方，且都反映形体的高度，应保持"高平齐"的关系；H 投影和 W 投影虽然位置不直接对应，但都反映形体的宽度，必须符合"宽相等"的关系。如图 1.3.4 所示。

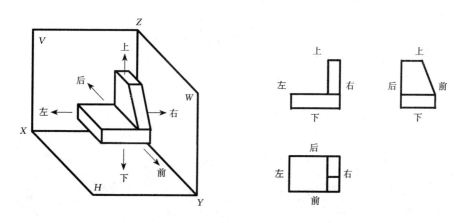

图 1.3.5　空间方位关系

图 1.3.6　投影图的方位关系

"长对正、高平齐、宽相等"是形体的三面投影图之间最基本的投影关系，也是画图和读图的基础。无论是形体的总体轮廓还是各个局部都必须符合这样的投影关系。

形体在三面投影体系中的位置确定后，对观察者而言，它在空间就有上、下、左、右、前、后六个方位，如图 1.3.5 所示。这六个方位关系也反映在形体的三面投影图中，每个投影只反映其中四个方位。V 面投影反映上下和左右关系，H 面投影反映左右和前后关系，W 面投影反映上下和前后关系。如图 1.3.6 所示。

第二章　点

本章要点

* 点的投影特性：①点的投影连线垂直于投影轴；②点的投影到投影轴的距离＝空间点到相邻投影面的距离。
* 点的投影与直角坐标的关系：点的投影与直角坐标之间是一一对应的，已知点的投影，就可以求出它的坐标；反之，已知点的坐标，就可以求出它的投影。
* 两点之间的相对位置：左右、前后、上下三个方向的坐标差，即是两点对投影面的距离差。根据距离差，可以判断两点之间的相对位置关系；或已知一点及两点之间的坐标差，就可以求出另一点。
* 重影点：利用坐标差判别可见性。

2.1　点的投影

点是最基本的几何元素，下面从点开始讲解正投影法的建立及基本原理。

如图 2.1.1 所示，由空间点 A 和 H 平面，可以作出 A 的正投影 a。反之，若已知 A 点的投影 a，是不能唯一确定 A 点的空间位置的。即仅已知点的一个投影，是不能确定空间点的位置。

因此，通常建立两个或多个相互垂直的投影面，将几何形体向这些投影面作正投影，形成多面正投影。

2.1.1　点的两面投影

如图 2.1.2 所示，在 V、H 两面投影体系中，由

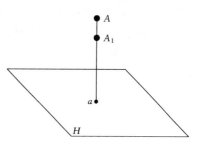

图 2.1.1　点的投影

空间点 A 作垂直于 V 面、H 面的投射线 Aa'、Aa，分别交 V 面、H 面为 a'、a。a' 即为 A 点的正面投影（V 面投影），a 为 A 点的水平投影（H 面投影）。

由于平面 $Aa'a$ 分别与 V 面、H 面垂直，所以这三个互相垂直的平面必相交于一点 a_X，且 $a_X a' \perp OX$、$a_X a \perp OX$。又因为 $Aaa_X a'$ 是矩形，所以 $a_X a' = Aa$、$a_X a = Aa'$。即：

点 A 到 H 面的距离＝A 点的 V 面投影 a' 到投影轴 OX 的距离

点 A 到 V 面的距离＝A 点的 H 面投影 a 到投影轴 OX 的距离

V 面不动，将 H 面绕 OX 轴向后、向下转至与 V 面平齐，如图 2.1.2（b）所示，这样就得到 A 点的两面投影展开图。因为过 OX 轴上的一点 a_X 只能作一条垂线，故 a'、

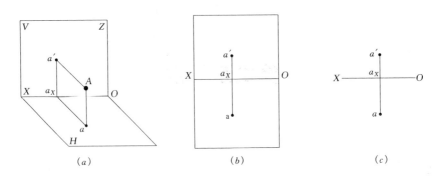

图 2.1.2　点的两面投影

（a）空间状况；（b）展开图；（c）投影图

a_X、a 共线。即 $a'a \perp OX$ 轴。相互垂直的两个投影面上的投影，在投影面展开成同一平面后，两投影的连线，称为投影连线。

在实际画图时，不必画出投影面的边框。如图 2.1.2（c）所示，即为 A 点的投影图。

通过上述分析，可得出点的两面投影特性：

（1）点的投影连线垂直于投影轴。

（2）点到投影面的距离＝点的投影到相应投影轴的距离。

已知点的两面投影，就能唯一确定该点的位置。

2.1.2　点的三面投影

如图 2.1.3 所示，再设立一个与 V 面、H 面都垂直的侧立投影面（或称侧面或 W 面），V 面、H 面、W 面构成三投影面体系。三个投影面之间的交线，即三条投影轴 OX、OY、OZ 必互相垂直，且交于点 O。

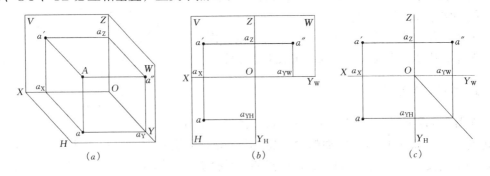

图 2.1.3　点的三面投影

（a）空间状况；（b）展开图；（c）投影图

由 A 分别作 V、H、W 面的投射线交 V 面于 a'，交 H 面于 a，交 W 面于 a''。a、a'、a'' 为 A 点的三面投影。从图 2.1.3（a）看出，三个投影及投射线共同构成一个长方体 $Aaa_Xa'a_Za''a_YO$。

就像两投影面体系中 H 面的展开一样，在三投影面体系中，再将 W 面绕 W 面与 V

面的交线（即 OZ 轴）向后、向右转到与 V 面平齐，就得到 A 点的投影展开图。

由于 Y 轴分别随 H 面向下转和随 W 面向右转而分成了 Y_H、Y_W 两根轴。从图中可以看出有下述关系：

$aa_{YH} \perp OY_H$、$a''a_{YW} \perp OY_W$、$Oa_{YH} = Oa_{YW}$

实际的投影图如图 2.1.3（c）所示，为了作图方便，画一条过点 O 的 45°辅助线，aa_{YH} 和 $a''a_{YW}$ 的延长线相交于辅助线上的同一点。

通过上述分析，可概括出点的三面投影特性：

（1）点的投影连线垂直于投影轴。

如图 2.1.3（c）所示，$a'a'' \perp OZ$、$a'a \perp OX$。

特别注意，点的 H 面投影与 W 面的投影连线 aa_Ya'' 在投影展开后分成了两条线，即 aa_{YH}、$a''a_{YW}$，但它们还是垂直于相应的投影轴，即 $aa_{YH} \perp OY_H$、$a''a_{YW} \perp OY_W$。

（2）点到投影面的距离＝点的投影到相应投影轴的距离。

$Aa = a'a_X = a''a_{YW}$（A 到 H 面的距离）。

$Aa' = aa_X = a''a_Z$（A 到 V 面的距离）。

$Aa'' = aa_Y = a'a_Z$（A 到 W 面的距离）。

已知点的两个投影，根据点的投影特性，就可以求出它的第三投影。

【例 2-1】 已知 B 点的 V 面和 W 面投影，求它的 H 面投影。

解：如图 2.1.4 所示，利用点的三面投影特性，就可求出 b。

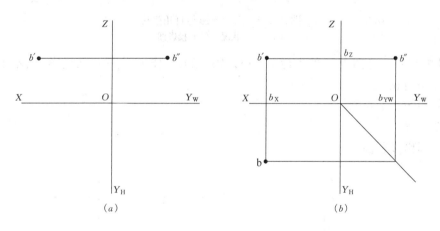

图 2.1.4 已知点的两个投影求作第三投影

（a）已知条件；（b）结果

作图步骤：图 2.1.4（b）：

（1）作投影连线垂直于投影轴。即 $b'b \perp OX$，b 在这条投影连线上。

（2）确定 b 点。根据点的投影特性 $bb_X = b''b_Z$，作 45°辅助线，再作 $b''b_{YW} \perp Y_W$ 并延长交辅助线为一点，过该点作垂直于 Y_H 的垂线与 $b'b$ 相交于 b。

2.1.3 点的投影与直角坐标的关系

如将三投影面看作直角坐标系，则投影轴、投影面、点 O 分别为坐标轴、坐标面和坐标原点。

如图 2.1.5（a）所示，A 点的三维坐标 A（x，y，z）与其投影有如下关系：

x 坐标 $= Aa'' = aa_Y = a'a_Z$（A 到 W 面的距离）。

y 坐标 $= Aa' = aa_X = a''a_Z$（A 到 V 面的距离）。

z 坐标 $= Aa = a'a_X = a''a_Y$（A 到 H 面的距离）。

点的投影与直角坐标是相互对应的，已知点的投影，就可以求出它的坐标，如图 2.1.5（b）所示，点的一个投影反映了点的两个坐标。即 a 对应（x，y），a' 对应（x，z），a'' 对应（y，z）。反之，已知点的坐标，就可以求出它的投影。

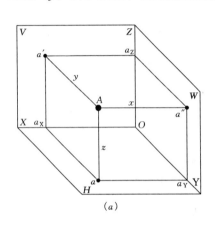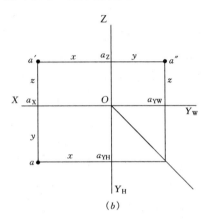

图 2.1.5 点的投影与直角坐标
（a）空间状况；（b）投影图

【例 2-2】　已知 C 点的坐标 C（15，10，20），作 C 点的三面投影。（本书中未注明的尺寸均为 mm）。

解：如图 2.1.6 所示。

作图步骤：

（1）画出投影轴。

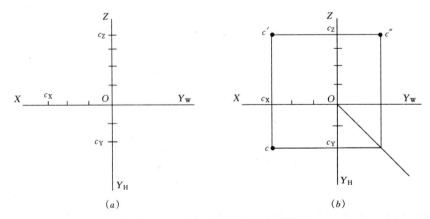

图 2.1.6 已知点的坐标作出其投影
（a）量坐标值；（b）结果

（2）量坐标值。沿 X、Y、Z 轴分别量取 15、10、20，得到 c_X、c_Y、c_Z。

（3）过 c_X、c_Y、c_Z 分别作 X、Y、Z 轴的垂线，并相交得 c，c'，再根据点的投影特性求出 c''。

2.1.4 特殊位置点的投影

一、投影面上的点

如图 2.1.7 所示，A 在 H 面内，B 在 V 面内，C 在 W 面内。投影面内的点，有一个坐标为零。A 点的 Z 坐标为零，A $(x, y, 0)$；B 点的 Y 坐标为零，B $(x, 0, z)$；C 点的 X 坐标为零，C $(0, y, z)$。

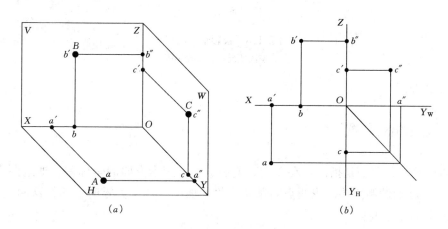

图 2.1.7 投影面内的点
（a）空间状况；（b）投影图

从图中可以看出，投影面内的点，它的三个投影有如下特点：

在该投影面上的投影与本身重合，另外两个投影在相应的投影轴上。

例如 A 点在 H 面内，A 点的 H 面投影与本身重合，V 面投影在 X 轴上，W 面投影在 Y 轴上。值得注意的是，由于 Y 轴分成了 Y_H 和 Y_W，因此，A 点的 W 面投影应在 W 面内的 Y_W 轴上，而不应画在 H 面内的 Y_H 轴上。B 点在 V 面内，B 点的 V 面投影与本身重合，H 面投影在 X 轴上，W 面投影在 Z 轴上。C 点在 W 面内，C 点的 W 面投影与本身重合，H 面投影应在 Y_H 轴上，V 面投影在 Z 轴上。

二、投影轴上的点

如图 2.1.8 所示，A 点在 X 轴上，B 点在 Y 轴上，C 点在 Z 轴上。投影轴上的点有两个坐标为零，A、B、C 三点的坐标分别为 A $(x, 0, 0)$，B $(0, y, 0)$，C $(0, 0, z)$。

从图中可以看出，投影轴上的点，它的三个投影有如下特点：

在包含这条轴线的两个投影面上的投影与本身重合，另一个投影在坐标原点。

例如 A 点在 X 轴上，它的 H 面投影和 V 面投影与本身重合，侧面投影在原点。B 点在 Y 轴上，它的 H 面投影在属于 H 面的 Y_H 轴上，它的 W 面投影在属于 W 面的 Y_W 轴上，它的 V 面投影在原点。C 点在 Z 轴上，它的 V 面投影和 W 面投影与本身重合，

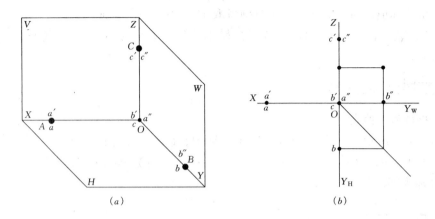

图 2.1.8　投影轴上的点
（a）空间状况；（b）投影图

H 面投影在原点。

2.2　两点的相对位置

两点的相对位置，是指两点在左右、前后、上下三个方向的坐标差，即这两点对 W 面、V 面、H 面的距离差。当两点对某两个投影面的距离差为零时，那么这两点在第三个投影面上的投影重合。

2.2.1　两点的相对位置

如图 2.2.1 所示，根据 A 点和 B 点的投影或坐标，就可以求出它们的坐标差，判断它们的相对位置。A 点和 B 点对 W 面的距离差为 $\triangle x = x_A - x_B$，对 V 面的距离差为 $\triangle y = y_A - y_B$，对 H 面的距离差为 $\triangle z = z_A - z_B$。在投影图中，X 轴自 O 点向左，其 x 坐标增大。Y 方向自 O 点向前，y 坐标值增大。在 H 面内，沿 Y_H 向下就代表向前，在 W

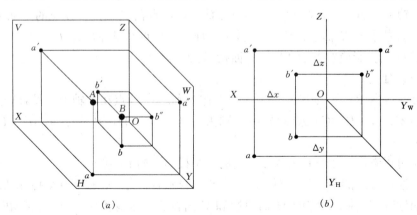

图 2.2.1　两点的相对位置
（a）空间状况；（b）投影图

面内，沿 Y_W 向右就代表向前。而 Z 轴自 O 点向上，z 坐标增大。

若已知两点的相对位置和其中一点的投影，就可求出另一点的投影或坐标。

【例 2 - 3】 已知 C（15，10，20）、D（20，15，15），试作出它们的投影图并判断两点的相对位置。

解：如图 2.2.2 所示。

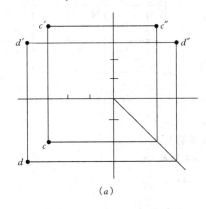
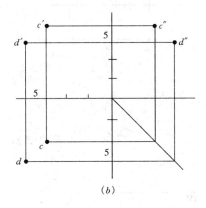

(a) (b)

图 2.2.2 判断两点的相对位置

(a) 作出两点的投影；(b) 求出相对坐标

根据两点的坐标，可以作出它们的投影。并计算出它们的坐标差：

$$\triangle x = x_C - x_D = 15 - 20 = -5$$
$$\triangle y = y_C - y_D = 10 - 15 = -5$$
$$\triangle z = z_C - z_D = 20 - 15 = 5$$

由此可判断出 C 点在 D 点的右方 5mm，在 D 点的后方 5mm，在 D 点的上方 5mm。

【例 2 - 4】 已知 A（10，10，15），又知 B 点在 A 点的左方 5mm，前方 5mm，下方 5mm，求 B 点的投影。

解：如图 2.2.3 所示。

根据 A 点的坐标和两点的相对位置，可以求出 B 点的坐标。

$$x_B = 10 + 5 = 15$$
$$y_B = 10 + 5 = 15$$
$$z_B = 15 - 5 = 10$$

B（15，15，10），图 2.2.3 (b) 即是根据 B 点的坐标，作出了它的投影。

2.2.2 重影点

当空间两点处于某一投影面的同一投射线上时，这两点在该投影面上的投影重合，称这两点是该投影面的重影点。

如图 2.2.4 所示，B 点在 A 点的正下方，A、B 两点的 H 面投影重合，A 点和 B 点为对 H 面的重影点。因为 A 点的 H 面投影 a 和 B 点的 H 面投影 b 重合，且 a 与（x_A，y_A）对应，b 与（x_B，y_B）对应，所以 $x_A = x_B$，$y_A = y_B$。

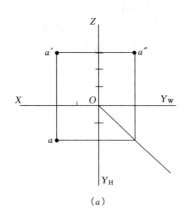

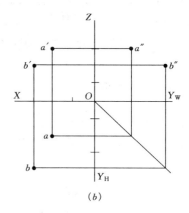

图 2.2.3　求 B 点的投影

（a）已知条件；（b）结果

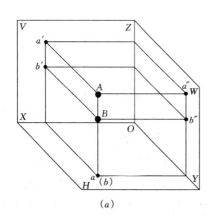

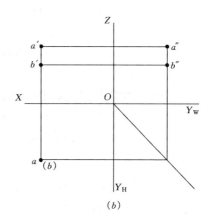

图 2.2.4　对 H 面的重影点

（a）空间状况；（b）投影图

由此可知对某一投影面重影的两个点的坐标有如下关系：

对该投影面的距离（坐标）有距离差（坐标差），另两个坐标对应相等，即距离差（坐标差）为零。

如图 2.2.5 所示，C 点在 A 点的正后方，A 点和 C 点为对 V 面的重影点。

如图 2.2.6 所示，D 点在 A 点的正右方，A 点和 D 点为对 W 面的重影点。

A 点和 B 点为对 H 面的重影点。由于 A 点在 B 点的正上方，观察者通过投射线自上而下先看到 A 点，再遇到 B 点，所以 A 点的 H 面投影 a 可见，B 点的 H 面投影 b 被 A 的投影遮住，不可见。为了区别重影点的可见性，将不可见的点的投影字母加上括号。如 a（b）。

同理，可判别出 A 点与 C 点对 V 面的重影点的可见性 a'（c'）。A 点与 D 点对 W 面的重影点的可见性 a''（d''）。

通过上述分析，可总结出重影点的可见性的判别规则：坐标值大的点的投影可见，坐

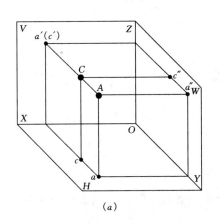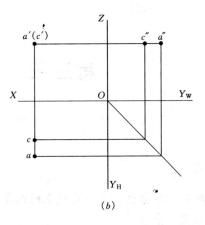

图 2.2.5 对 V 面的重影点
（a）空间状况；（b）投影图

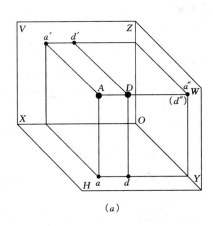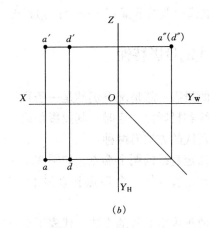

图 2.2.6 对 W 面的重影点
（a）空间状况；（b）投影图

标值小的点的投影不可见。

具体地说，就是：

（1）对 H 面的重影点：上遮下。z 坐标值大的点可见，z 坐标值小的点不可见。

（2）对 V 面的重影点：前遮后。y 坐标值大的点可见，y 坐标值小的点不可见。

（3）对 W 面的重影点：左遮右。x 坐标值大的点可见，x 坐标值小的点不可见。

第三章　直　　　线

本章要点

※ 直线的确定方法：①一直线上的两点确定一直线；②一直线上的一点和该直线的方向确定一直线。

※ 直线的分类：①一般位置直线；②投影面平行线；③投影面垂直线。

※ 直线上的点与直线上的线段之比。

※ 两直线的相对位置：①平行；②相交；③交叉；④垂直。

3.1　直线的投影特性

直线的投影一般情况下仍然是一条直线；当直线平行于投影面时，其投影与其本身等长；当直线和投影面垂直时，其投影积聚为一点。

确定直线的方法有两种：

（1）确定直线的两个端点，如图 3.1.1 所示。

（2）确定直线的一个端点和直线的方向（平行或垂直某个几何元素），如图 3.1.2 所示。

以上两种确定直线的方法，代表了求解有关直线问题的两种解题思路。当我们需要求解一直线时，可以转化为：求直线上的两个端点；或求解直线上的一个点，再确定直线的方向。

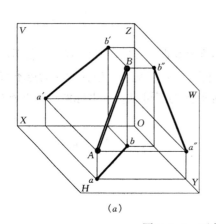
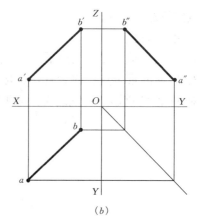

图 3.1.1　两点确定一直线

（a）空间状况；（b）投影图

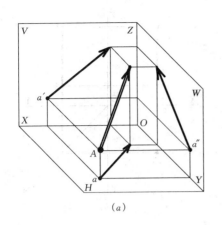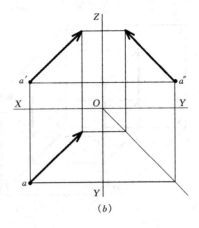

图 3.1.2　一点加方向确定一直线

(a) 空间状况；(b) 投影图

另外需要说明的是：画法几何中所说的直线相当于平面几何中的直线线段。因为画法几何主要目的是描述空间形体，而现实中的形体都是有限的，无限的形体无任何现实意义。因而画法几何中的直线都是有限长的直线段。

3.2　直线相对投影面的位置

在画法几何中，根据直线和投影面的位置的不同划分为一般位置直线（图 3.1.1）和特殊位置直线两种。而特殊位置的直线又进一步分为：投影面平行线（图 3.2.1）和投影面垂直线（图 3.2.2）。

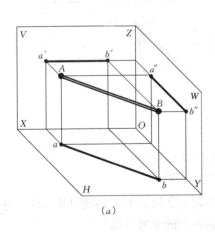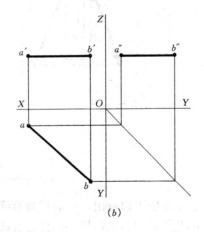

图 3.2.1　H 面平行线

(a) 空间状况；(b) 投影图

一般位置直线由于和三个投影面都没有平行或垂直关系，因而不反映直线的实长，也没有积聚性。如图 3.1.1 所示，其三个投影都表现为倾斜的直线。

直线和投影面的夹角称为直线的倾角。直线对 H、V、W 面的倾角，分别用小写的

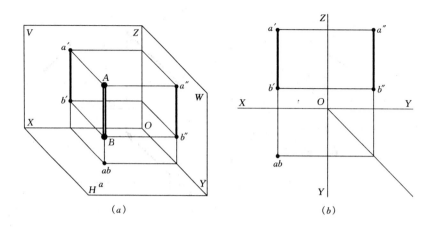

图 3.2.2　H 面垂直线
（a）空间状况；（b）投影图

希腊字母 α、β、γ 表示。

　　直线对某投影面的倾角，由直线本身和它在该投影面上的投影之间的夹角来确定。例如：直线对 H 面的倾角 α 等于空间直线 AB 和它的 H 面投影 ab 之间的夹角。如图 3.2.3 所示。

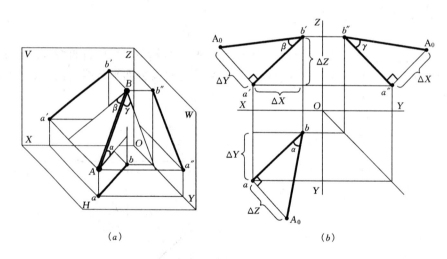

图 3.2.3　一般位置直线的倾角
（a）空间状况；（b）投影图

　　从图 3.2.3 中可以看出，一般位置直线的倾角在投影图中不能直接反映。这就需要我们利用立体几何的知识来推导一般位置直线的倾角的求解方法。

　　利用直线的投影求解直线的空间实长和倾角的方法称为直角三角形法。

3.3　直角三角形法

　　直角三角形法是一种利用空间直线和投影之间的关系来求解直线的实长和倾角的方

法。如图 3.3.1 所示，过空间直线上的 A 点作水平线 $AB_1 /\!/ ab$，与 Bb 交于 B_1 点。因 Bb $\perp ab$，故 $BB_1 \perp AB_1$，$\triangle AB_1B$ 为一直角三角形。由图中不难看出：$AB_1 = ab$；BB_1 为 AB 两点之间的 Z 坐标差，在此我们称其为 ΔZ。AB 和 AB_1 的夹角等于 AB 和 ab 的夹角。即为 AB 对 H 面的倾角 α。

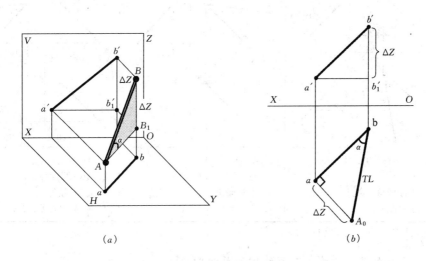

(a)　　　　　　　　　　　　　(b)

图 3.3.1　直角三角形法
(a) 空间状况；(b) 投影图

由此，直角三角形法有四大要素：①直线的空间实长；②直线对投影面的倾角；③直线在该投影面上的投影；④直线相对于该投影面的坐标差。

直角三角形法的实质就是画出该三角形。由几何作图法可知：只要已知其中的任意两个要素，就可作出该直角三角形。换句话说：只要已知其中的任意两个要素，就可求出另外的两个要素。

依照直线对投影面的倾角的不同，可分为：α 三角形（对 H 面倾角）、β 三角形（对 V 面倾角）、γ 三角形（对 W 面倾角）。其各组成要素参见表 3.1。

直角三角形法的几种常用作图方法：

表 3.1　　　　　　　　　　　直　角　三　角　形　法

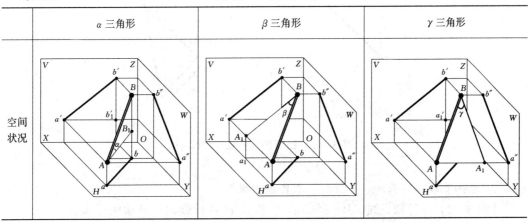

	α 三角形	β 三角形	γ 三角形
空间状况			

	α 三角形	β 三角形	γ 三角形
投影图	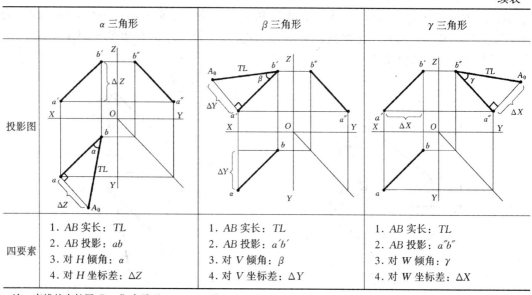		
四要素	1. AB 实长：TL 2. AB 投影：ab 3. 对 H 倾角：α 4. 对 H 坐标差：ΔZ	1. AB 实长：TL 2. AB 投影：a′b′ 3. 对 V 倾角：β 4. 对 V 坐标差：ΔY	1. AB 实长：TL 2. AB 投影：a″b″ 3. 对 W 倾角：γ 4. 对 W 坐标差：ΔX

注　直线的实长用"TL"表示（True Length）。

1. 已知直线的两个投影，求直线的实长和倾角

【例 3 - 1】　已知直线 AB 的两面投影，求直线的实长和对 H 面的倾角 $α$。

解：如图 3.3.2 所示。

（1）过 a 作辅助线 $⊥ab$。

（2）在辅助线上量取 A_0a 等于 $a′$ 和 $b′$ 的坐标差 $ΔZ$。

（3）连接 A_0b，则 A_0b 为直线 AB 的实长 TL，$∠A_0ba$ 为直线 AB 对 H 面的倾角 $α$。

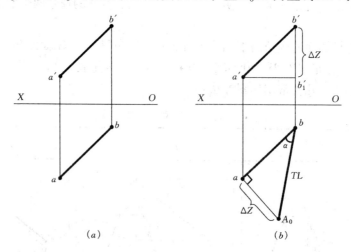

（a）　　　　　　　　　　（b）

图 3.3.2　已知投影求解实长和倾角

（a）已知条件；（b）结果

2. 已知直线的实长和一个投影，求其余的投影

【例 3 - 2】　已知直线 $AB = 35\text{mm}$，补作其 H 面投影 ab，并说明有几解。

解：如图 3.3.3 所示

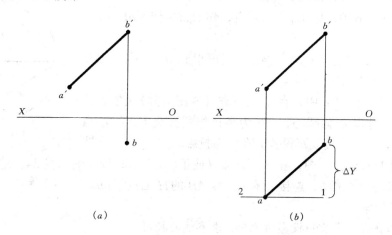

图 3.3.3 已知实长和一投影求另一投影

（a）已知条件；（b）结果

（1）以 AB 为直径画圆，如图 3.3.4 所示。

（2）图 3.3.4 中，以 B_0 为圆心，$a'b'$ 为半径画圆弧交圆周于 a' 点，则 $A_0a' = \Delta Y$。

（3）图 3.3.3（b）中，在 b 点的正前方（或正后方）ΔY 处画直线 $12 // OX$。

（4）图 3.3.3（b）中，过 a' 作连系线交 12 线于 a，连接 ab，则 ab 即为所求。

此题有 2 解。

图 3.3.4 辅助作图

3. 已知直线的实长和倾角，求直线的投影

【例 3-3】 已知直线 $AB = 35\text{mm}$，$\alpha = 60°$，$\beta = 45°$，求直线的两面投影。

解：如图 3.3.5 所示。

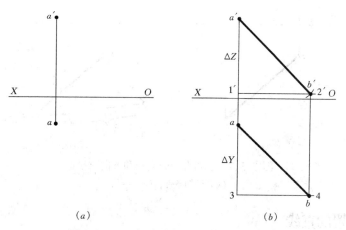

图 3.3.5 已知直线的实长和倾角求投影

（a）已知条件；（b）结果

(1) 以 AB 为直径画圆，如图 3.3.6 所示。

(2) 图 3.3.6 中，以 B_0 点为基点，作 B_0a，使 $\angle aB_0A_0 = 60°$。

再作 B_0a'，使 $\angle a'B_0A_0 = 45°$。则可得到 ab，$a'b'$，ΔY 和 ΔZ。

(3) 图 3.3.5 (b) 中，在 a' 正下方（或正上方）ΔZ 处作辅助线 $1'2'$，并以 a' 为圆心，$a'b'$ 为半径作圆弧交 $1'2'$ 于 b' 点（左右两边皆可），连接 $a'b'$ 得 AB 的 V 面投影。

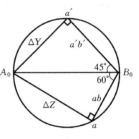

图 3.3.6　辅助作图

(4) 图 3.3.5 (b) 中，在 a 正前方（或正后方）ΔY 处作辅助线 34，过 b' 点作连系线，得 B 点的 H 投影 b，连接 a 和 b，得 AB 的 H 面投影 ab。

此题有 8 解。

4. 已知直线的实长和投影的方向，求直线的投影

【例 3-4】　已知直线的实长 $AB = 35\text{mm}$，直线在 H 面和 V 面上的投影方向，求直线的两面投影。

解：如图 3.3.7 所示。

(1) 在 H 面投影方向上任取一点 I；

(2) 作直线 AI 的 α 三角形（亦可作 β 三角形）；

(3) 在实长线 A_01 上量取 $A_0B_0 = 35\text{mm}$；

(4) 作 $B_0b \parallel A_0a$ 可得 B 点的 H 面投影 b，作连系线得 b'。

以上为利用直角三角形法求解直线问题的 4 种常用作图方法。其他的作法和上述 4 种大同小异，可灵活掌握。

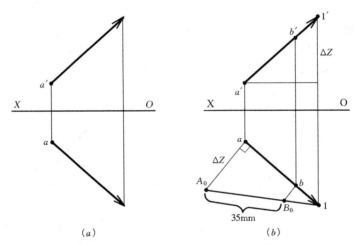

(a)　　　　　　　　　　　(b)

图 3.3.7　已知直线的实长和方向求投影
(a) 已知条件；(b) 结果

3.4　特殊位置的直线

特殊位置的直线是指：①平行于投影面的直线；②垂直于投影面的直线。

其中平行于投影面的直线特指只和三个投影面中的其中一个平行的直线。若同时平行于两个投影面，则它和第三个投影面必定是垂直关系，此时应称其为投影面垂直线。

特殊位置的直线，因其和投影面的特殊关系，具有其特殊的性质。如：它们的投影可以直接反映实长和倾角，以及表现出积聚性等等。

3.4.1　投影面平行线

平行于 H 面、V 面和 W 面的直线，分别称为水平线、正平线和侧平线。

水平线、正平线和侧平线的空间状况、投影图和投影特性参见表3.2。

表 3.2　　　　　投 影 面 平 行 线

	水 平 线	正 平 线	侧 平 线
空间状况			
投影图			
特 性	1. $a'b'$ 和 $a''b''$ 均为水平 2. ab 反映实长 TL 3. ab 反映 β 和 γ	1. ab 为水平，$a''b''$ 为竖直 2. $a'b'$ 反映实长 TL 3. $a'b'$ 反映 α 和 γ	1. ab 和 $a'b'$ 均为竖直 2. $a''b''$ 反映实长 TL 3. $a''b''$ 反映 α 和 β

投影面平行线具有下列一些特性：

（1）在它不平行的两个投影面上的投影，分别平行于相应的投影轴。

（2）在它平行的投影面上的投影，平行于直线本身，且与直线本身等长。该投影与水平或竖直方向的夹角，分别反映了直线对其他两个投影面倾角的大小。

3.4.2　投影面垂直线

垂直于 H、V 和 W 面的直线，分别称为铅垂线、正垂线和侧垂线。它们的空间状况、投影图和投影特性，参见表3.3。

表 3.3 　　　　　　　　　　　　　**投 影 面 垂 直 线**

	铅 垂 线	正 垂 线	侧 垂 线
空间状况			
投影图			
特　性	1．ab 积聚成一点 2．$a'b'$、$a''b''$ 均为竖直 3．$a'b'$、$a''b''$ 反映实长 4．$\alpha = 90°$、$\beta = \gamma = 0$	1．$a'b'$ 积聚成一点 2．ab 为竖直，$a''b''$ 为水平 3．ab、$a''b''$ 反映实长 4．$\beta = 90°$、$\alpha = \gamma = 0$	1．$a''b''$ 积聚成一点 2．ab、$a'b'$ 均为水平 3．ab、$a'b'$ 反映实长 4．$\gamma = 90°$、$\alpha = \beta = 0$

投影面垂直线具有下列一些特性：

（1）在它所垂直的投影面上的投影积聚成一点。

（2）在另外两个投影面上的投影，反映了实长，并垂直于相应的投影轴。

3.5　直线上点

直线上一点的投影必在该直线的同面投影上。

如图 3.5.1 所示，若 C 在直线 AB 上，则 c 在 ab 上、c' 在 $a'b'$ 上、c'' 在 $a''b''$ 上。

反之，一点的各投影如果在直线的各同面投影上，则该点必在该直线上。

当直线为一般位置直线时，根据两个投影面的投影即可确定。当直线为投影面平行线时，若用两个投影面上的投影来确定点的位置时，则两个投影中，必须有一个为实形投影，才可确定。

注：若直线的某个投影和其空间实长等长，则称之为实形投影。

【例 3‐5】　若需判别侧平线上的点，则两个投影中必须包含 W 面投影，参见图 3.5.2。

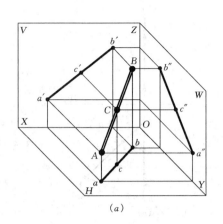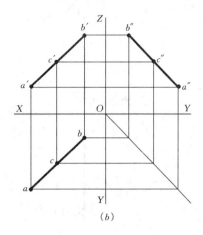

图 3.5.1　直线上的点

（a）空间状况；（b）投影图

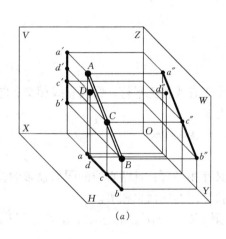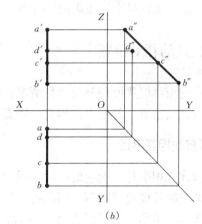

图 3.5.2　侧平线上的点

（a）空间状况；（b）投影图

从图 3.5.2 中可以看出，如果仅仅从 H 面和 V 面来看，c 和 d 同位于 ab 上，而 c′ 和 d′ 也同位于 a′b′ 上。但从 W 面投影可见 C 位于直线 AB 上，而 D 不在 AB 上。

直线上的点将直线分成了两部分，点的投影将直线的投影也分成了两部分。点将直线分成两部分的比值，和点投影将直线投影分成两部分的比值相等。即：直线上各线段的比值等于其同面投影的比值。

如图 3.5.2（b）所示，$a'c' : c'b' = ac : cb = a''c'' : c''b'' = AC : CB$。

当我们对不包括实形投影的投影面平行线上的点进行判别时，可利用上述的等比性。

【例 3-6】　图 3.5.3，已知 C 点在直线 AB 上，求作 C 点的 H 面投影 c。

解：

（1）过 a 任作一直线 a1，使 a2 = a′c′；21 = c′b′。

（2）连接 1b，过 2 点作 2c∥1b，则 c 为所求。

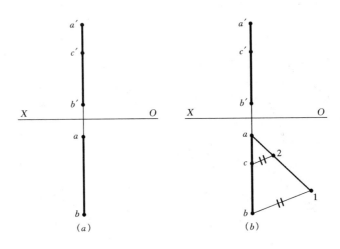

图 3.5.3　求侧平线上的点

（a）已知；（b）结果

以上解法利用的是直线投影的等比性。

3.6　两直线的相对位置

两直线的相对位置可划分为四种情况：①两直线相互平行；②两直线相交；③两直线交叉；④两直线垂直（包括垂直相交和垂直交叉）。

3.6.1　两直线相互平行

若两直线互相平行，则它们的同面投影必互相平行；且两直线的同面投影的长度比值都与它们本身的长度比值相等，因而各同面投影间的比值也相等。

如图 3.6.1 所示，空间直线 $AB /\!/ CD$，则 $a'b' /\!/ c'd'$、$ab /\!/ cd$、$a''b'' /\!/ c''d''$。

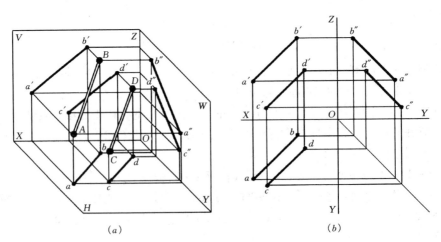

图 3.6.1　两直线相互平行

（a）空间状况；（b）投影图

反之，若两直线的各同面投影互相平行，则两直线互相平行。

另外，若两直线为一般位置直线，则仅需要两组同面投影互相平行即可判定两直线平行。

若两条直线为投影面平行线，则两组投影中，最好有一组投影为实形投影。否则，需要通过判定两组同面投影的比值和指向是否一致来确定（分比法）。

例如侧平线的判别，参见图 3.6.2。从图 3.6.2 中可以看出，（a）图和（b）图的 V 面和 H 面两组投影非常相似，而 W 面投影则明显不同。若用两组投影来判定两直线是否平行，则其中最好包括 W 面投影。若仅凭 H 面和 V 面投影来判别，则首先看 AB 和 CD 的指向是否一致。此例中可假定 $a \rightarrow b$；$c \rightarrow d$ 的指向为正方向，然后看 $c' \rightarrow d'$ 和 $a' \rightarrow b'$ 的方向是否一致来判别 AB 和 CD 是否平行。如果方向一致，则需进一步判定 $ab : cd$ 是否等于 $a'b' : c'd'$。若依然成立，则两直线互相平行，否则 AB 和 CD 两直线为交叉直线。

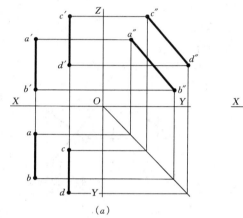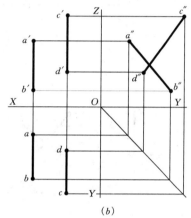

图 3.6.2 侧平线相互平行的判别

（a）平行；（b）交叉

3.6.2 两直线相交

若两直线相交，它们的各组同面投影必相交，而且投影的交点，满足同一点投影的连系线关系。

如图 3.6.3 所示，ab、$a'b'$、$a''b''$ 分别交于 k、k'、k''，而 k、k'、k'' 位于一点的连系线上。

两条一般位置直线，只要任意两组同面投影符合上述条件，即可判定其是否相交。

如果两条直线中，只要有一条为某投影面的平行线，则其投影中最好有一实形投影，否则需使用分比法判定。

判断含侧平线的两线是否平行的两种方式为：①利用实形投影；②利用分比法。

如图 3.6.4 所示，比较图（a）和图（b）。

（1）如果仅有 V 面和 W 面两个投影，判别是否相交就可以简单地将两个投影的交点相连，判断其是否垂直于两面所夹的坐标轴 Z。

（2）如果仅有 V 面和 H 面两个投影，判别是否相交就需要利用分比法判断两个投影交点分 cd 和 $c'd'$ 的比例是否相等。

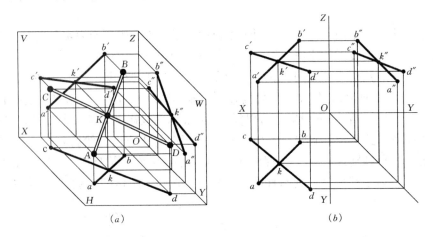

图 3.6.3　两直线相交
（a）空间状况；（b）投影图

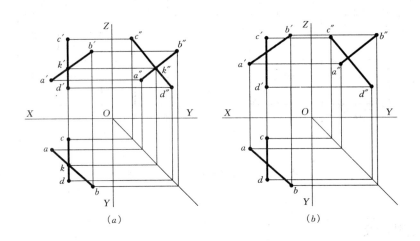

图 3.6.4　含侧平线的两直线相交
（a）相交；（b）交叉

3.6.3　两直线交叉

两直线既不平行也不相交，称为交叉直线（或异面直线）。因此它们的投影既不符合平行的条件，也不符合相交的条件。通过前两个小节的学习我们可以看出，它们的反面都为交叉直线。因此，交叉直线没有必要单列出其判别条件。请参阅图 3.6.2 和图 3.6.4。

3.6.4　两直线垂直

相互垂直两直线中的两条或一条平行于某投影面时，则在该投影面上的投影反映直角。该判定定理通常称为垂线定理。如图 3.6.5 所示。

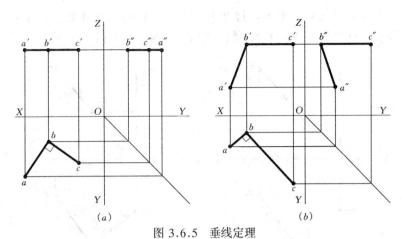

图 3.6.5 垂线定理

（a）两直线平行于投影面；（b）一直线平行于投影面

其中，直角的两边平行于投影面时，该直角所在的平面就平行于投影面，因此该直角的投影将反映其实形，所以其投影也是直角。

而另一种情况，即一边平行于投影面时，则利用立体几何中的直线和平面垂直的知识，不难证明，这里从略。

反之，垂线定理的逆定理亦成立，即：相交两直线之一是某投影面平行线，且两直线在该投影面上的同面投影互相垂直，则两直线互相垂直。

当空间交叉垂直的两直线之一平行于某投影面时，则这两直线在该投影面上的投影也垂直；反之亦然。如图 3.6.6 所示。

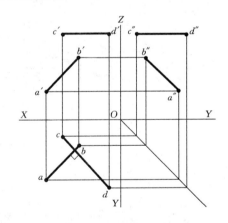

图 3.6.6 交叉直线相互垂直

对于垂线定理，相交直线相互垂直和交叉直线相互垂直的判定是一样的。垂线定理仅仅可以判别垂直关系，而是否相交则需另作判断（属于前面所叙述的相交问题）。

【例 3-7】 求直线 AB 和 CD 公垂线 EF，图 3.6.7（a）。

解：

（1）过 AB 的积聚投影 ab 作垂线 ef 垂直于 cd。这是由于 EF 垂直于 AB 而 AB 垂直于 H 面，故 EF 平行于 H 面，因而根据垂线定理 ef 垂直于 cd。

（2）过 f 作连系线交 $c'd'$ 于 f'。过 f' 作 $e'f' /\!/ OX$ 轴，并且交 $a'b'$ 于 e'。结果如图 3.6.7（b）所示。这是由于 EF 为水平线，故其 V 面投影平行于 X 轴。

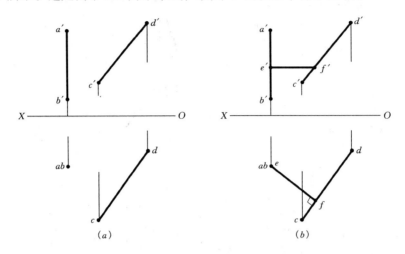

图 3.6.7　交叉直线的公垂线

（a）已知投影；（b）结果

第四章 平　　　　面

本章要点

※ 平面的表示法：①用几何元素表示平面；②用平面对投影面的迹线表示平面。

※ 平面对投影面的相对位置：①一般位置平面；②投影面垂直面；③投影面平行面。

※ 平面内的点和线：①根据点和直线在平面内的几何条件，按要求在平面内取点和直线；②平面内的投影面平行线；③平面的最大斜度线。

4.1 平面的表示法

平面的投影可用几何元素或平面的迹线来表示，这两种表达方法可相互转换。

4.1.1 几何元素表示平面

由初等几何知道，不在同一直线上的三点确定一平面。因此，可用下列任一组元素的投影来表示平面。如图 4.1.1 所示。

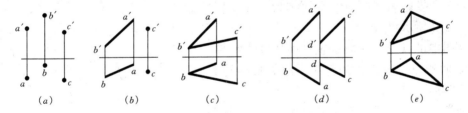

图 4.1.1　用几何元素表示平面

(a) 不属于同一直线的三点；(b) 一直线和不属于该直线的点；
(c) 相交两直线；(d) 平行两直线；(e) 任意平面图形

4.1.2 迹线表示平面

平面与投影面的交线，称为迹线。如图 4.1.2 所示，平面 P 与 H 面的交线称为水平迹线 P_H；平面与 V 面的交线称为正面迹线 P_V；平面与 W 面的交线称为侧面迹线 P_W。迹线是属于平面的直线，所以可用迹线表示平面。

如图 P_H 与 P_V 是相交两直线，可用来表示 P 平面。若平面 P 的两条迹线平行，也能表示平面 P。迹线同时也是属于投影面的直线，它的一个投影与迹线本身重合，另两个投影与投影轴重合。

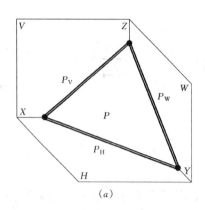
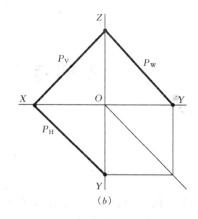

图 4.1.2　用迹线表示平面

（a）空间状况；（b）投影图

4.2　各种位置平面

根据平面相对于投影面的位置，平面可分为三类：一般位置平面；投影面平行面；投影面垂直面。后两类统称为特殊位置平面。如图 4.2.1 所示。

4.2.1　一般位置平面

对三个投影面都倾斜的平面称为一般位置平面。如图 4.2.2 所示。

从图中可以看出一般位置平面的投影特性：一般位置平面的三个投影都是与实形边数相同的类似形，且小于实形。

通常把平面与投影面的夹角称为平面的倾角，平面与 H 面、V 面、W 面的倾角分别称为 α、β、γ 角。

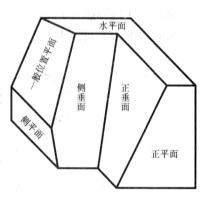

4.2.2　投影面垂直面

垂直于一个投影面的平面，称为投影面垂直面。垂直于 H 面的平面，称为铅垂面；垂直于 V 面的平面，称为正垂面；垂直于 W 面的平面，称为侧垂面。

图 4.2.1　各种位置平面

铅垂面、正垂面、侧垂面的空间状况、投影图和投影特性参见表 4.1。

投影面垂直面具有下列一些特性：

（1）在所垂直的投影面上的投影积聚成一条直线，它与投影轴的夹角即为平面对另外两个投影面的倾角。

（2）平面的另外两个投影为类似形。

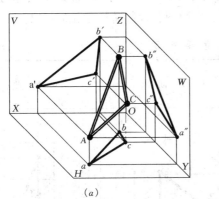 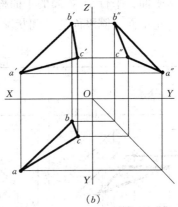

图 4.2.2 一般位置平面

（*a*）空间状况；（*b*）投影图

表 4.1   投 影 面 垂 直 面

	铅 垂 面	正 垂 面	侧 垂 面
空间状况			
投影图			
特性	1. 水平投影积聚成一直线 2. p 与投影轴夹角反映 β，γ 3. p'，p'' 为类似图形	1. 正面投影积聚成一直线 2. q' 与投影轴夹角反映 α，γ 3. q，q'' 为类似图形	1. 侧面投影积聚成一直线 2. r'' 与投影轴夹角反映 α，β 3. r，r' 为类似图形

4.2.3 投影面平行面

平行于一个投影面的平面，称为投影面平行面。投影面平行面有三种：平行于 *H* 面的平面称为水平面；平行于 V 面的平面称为正平面；平行于 W 面的平面称为侧平面。

水平面、正平面、侧平面的空间状况、投影图和投影特性参见表4.2。

表4.2 投 影 面 平 行 面

	水 平 面	正 平 面	侧 平 面
空间状况			
投影图			
特性	1．水平投影反映实形 2．正面投影、侧面投影积聚成一条直线 p'，p'' 3．$p' /\!/ OX$，$p'' /\!/ OY$	1．正面投影反映实形 2．水平投影、侧面投影积聚成一条直线 q，q'' 3．$q /\!/ OX$，$q'' /\!/ OZ$	1．侧面投影反映实形 2．水平投影、正面投影积聚成一条直线 r，r' 3．$r /\!/ OY$，$r' /\!/ OZ$

投影面平行面具有下列一些特性：

（1）在所平行的投影面上的投影反映实形。

（2）平面的另外两个投影积聚成直线，且平行于相应的投影轴。

本章4.1.1中提到，平面的投影可用平面的迹线来表示。如图4.2.3所示，铅垂面 $\triangle ABC$ 的三条迹线中，正面迹线 P_V 和侧面迹线 P_W 都垂直于投影轴，水平迹线 P_H 与投影轴倾斜，且反映 β、γ。对铅垂面而言，只要确定水平迹线的位置，则铅垂面在空间唯一确定。

对于特殊位置平面，可用平面有积聚性的投影（即平面在该投影面的迹线）来表示。如图4.2.4所示，迹线用细实线表示，两端画粗实线。

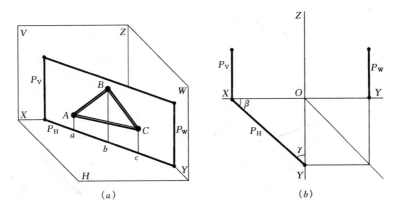

图 4.2.3　铅垂面的迹线
(a) 直观图；(b) 铅垂面的三条迹线

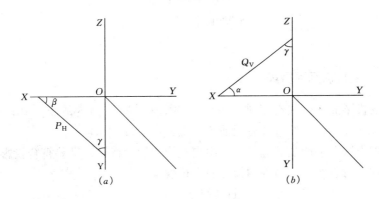

图 4.2.4　用迹线表示特殊位置平面
(a) 铅垂面；(b) 正垂面

4.3　平面内的点和线

如何根据给定条件，找出属于平面的点和线？

4.3.1　取平面内的点和线

点和直线在平面内的几何条件：

(1) 若点在平面内的一条已知直线上，则该点在平面内。

(2) 若直线通过平面内的两个已知点，或通过平面内的一个点，且平行于平面内的一条直线，则该直线在平面内。

如图 4.3.1 (a) 所示，点 D 在 $\triangle ABC$ 的直线 AB 上，故 D 属于 $\triangle ABC$。又如图 4.3.1 (b) 所示，D、E 在 $\triangle ABC$ 的直线 AB、BC 上，故 DE 属于 $\triangle ABC$。D 在 AB 上，且 $DF /\!/ BC$，所以 DF 也属于 $\triangle ABC$。

根据点和直线在平面内的几何条件，可在平面内取点或取直线，或判断点和直线是否

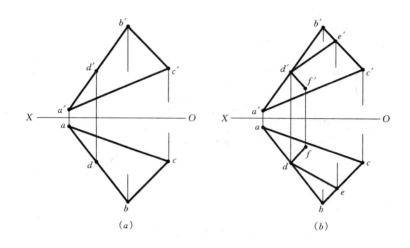

图 4.3.1　平面内的点和直线

（a）平面内的点；（b）平面内的直线

在平面内。

4.3.2　平面内的投影面平行线

平面内的投影面平行线有三种：平面内的水平线；平面内的正平线；平面内的侧平线。如图 4.3.2 所示，每种直线有无数条，且相互平行。

平面内的投影面平行线既应符合平面内直线的投影特性，又要符合投影面平行线的投影特性。据此，可以作出平面内的投影面平行线。

如图 4.3.3 所示，在△ABC 平面内作出了水平线 BD、正平线 AE。

以水平线为例，来讲述平面内投影面平行线的作法。先作平行于投影轴的投影 $b'd'$，再根据 D 点的正面投影 d' 求出水平投影 d，连接 bd，即作出了△ABC 平面内的一条水平线 BD 的投影。

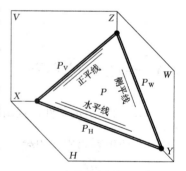

作平面内投影面平行线的投影，先作平行于投影轴的投影，再作倾斜于投影轴的投影。读者可据此作出△ABC 内的侧平线。

【例 4-1】 在△ABC 内求作 M 点，使 M 点在 H 面之上 15mm，在 V 面之前 20mm。

解：

图 4.3.2　平面内的投影面平行线

分析：△ABC 内距 H 面 15mm 的水平线与距 V 面 20mm 的正平线的交点即为所求。

如图 4.3.4 所示

（1）作△ABC 内的水平线 DE，使其距 H 面 15mm。

（2）作△ABC 内的正平线 FG，只需作水平投影 fg，使其距 V 面 20mm。

（3）de 与 fg 的交点即为 m。

（4）M 在 DE 上，据此求出 M 的正面投影 m'。

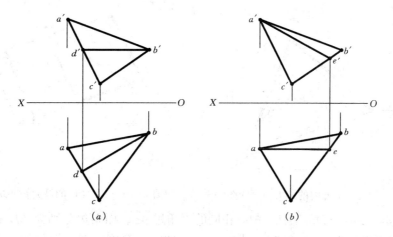

图 4.3.3 作平面内的投影面平行线
(a) 作平面内的水平线；(b) 作平面内的正平线

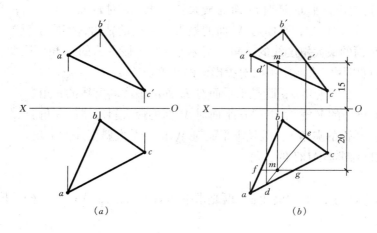

图 4.3.4 求平面内的点
(a) 已知条件；(b) 作图结果

4.3.3 平面内的最大斜度线

平面内与该平面内投影面平行线垂直的直线，称为该平面的最大斜度线。因为平面内的投影面平行线有三种，所以，平面内的最大斜度线也有三种：垂直于水平线的直线，称为平面对 H 面的最大斜度线；垂直于正平线的直线，称为平面对 V 面的最大斜度线；垂直于侧平线的直线，称为平面对 W 面的最大斜度线。如图 4.3.5 所示。显然，每种最大斜度线有无数条，且相互平行。

如图 4.3.6 所示，直线 AD 在平面 P 内且垂直于 ED（ED 为 P 平面与 H 面的交线，即 P 平面的水平迹线），即 AD 是平面对 H 面的最大斜度线。设 AD 对 H 面的倾角为 α，事实上，平面内的其他位置直线对 H 面的倾角都小于 α。即最大斜度线对投影面的倾角最大。

对上述结论作一个证明：

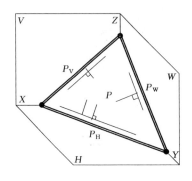

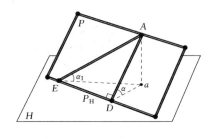

图 4.3.5　平面内的最大斜度线图　　　　图 4.3.6　对 H 面的最大斜度线

在直角 $\triangle ADa$ 和直角 $\triangle AEa$ 中有相同的直角边 Aa，而斜边分别为 AD 和 AE，从直角 $\triangle AED$ 中可以看出，$AE > AD$，故 $\alpha > \alpha_1$。即最大斜度线对投影面的倾角是最大的，"最大斜度线"即由此得名。

从图中还可看出，平面 P 对 H 面的最大斜度线 AD 对 H 面的倾角 α，实际上反映了该平面的 α 角。同理可知，平面对 V 面的最大斜度线的 β 角，实际上反映了该平面的 β 角，平面对 W 面的最大斜度线的 γ 角，实际上反映了该平面的 γ 角。因此，最大斜度线的几何意义是可以用它来测定平面对投影面的角度。

求平面对 H 面的夹角 α，既是求平面对 H 面的最大斜度线的 α 角。

求平面对 V 面的夹角 β，既是求平面对 V 面的最大斜度线的 β 角。

求平面对 W 面的夹角 γ，既是求平面对 W 面的最大斜度线的 γ 角。

【例 4 - 2】　求 $\triangle ABC$ 的 α 角。

解：

分析：求平面对 H 面的夹角 α，既是求平面对 H 面的最大斜度线的 α 角。

如图 4.3.7 所示

（1）作平面的水平线 AE。

（2）作平面对 H 面的最大斜度线 BD。根据最大斜度线的定义，$BD \perp AE$，利用直角投影定理，可作出 BD 的两面投影 bd、$b'd'$。

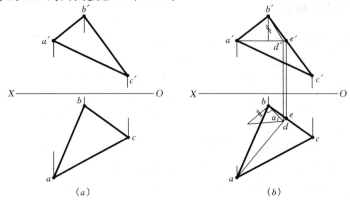

（a）　　　　　　　　　　（b）

图 4.3.7　求平面的 α 角

（a）已知条件；（b）作图结果

38

（3）用直角三角形法求出 BD 的 α 角，即为△ABC 的 α 角。

读者可作出△ABC 的 β、γ 角。

【例 4‑3】 过正平线 AB 作一平面，使其与 V 面的夹角为30°。

解：

分析：平面与 V 面的夹角即是平面对 V 面的最大斜度线的 β 角。只要作出平面对 V 面的最大斜度线，它与正平线构成的平面即为所求的平面。

如图 4.3.8 所示

（1）平面内垂直于正平线 AB 的直线有无数条，只要作出任一条即可。利用直角投影定理，作出 AB 的垂线 $c'd'$，交 AB 于 C（c，c'）。

（2）利用直角三角形法，在 β 三角形中求出 CD 直线的△Y。

（3）求出 d，连 cd，则垂直相交两直线 AB 与 CD 所构成的平面即为所求。

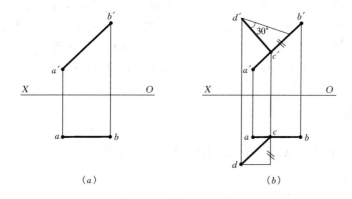

(a) (b)

图 4.3.8 作与 V 面成30°的平面

(a) 已知条件；(b) 作图结果

第五章 点、线、面综合问题

本章要点

 ❀ 平行问题：①直线与平面平行；②平面与平面平行。
 ❀ 垂直问题：①直线与平面垂直；②平面与平面垂直。
 ❀ 相交问题：①一般位置直线与特殊位置平面相交；②投影面垂直线与一般位置平面相交；③两个特殊位置平面相交；④一般位置平面与特殊位置平面相交；⑤一般位置直线与一般位置平面相交；⑥两个一般位置平面相交。
 ❀ 点、线、面综合问题的图解方法：①定位类问题的解法；②度量类问题的解法。

5.1 平行问题

平行问题包含两类：直线与平面平行问题和平面与平面平行问题。

5.1.1 直线与平面平行

直线与平面平行的判断方法分为两类：

（1）特殊类：平面为投影面垂直面，如图 5.1.1 所示，若 $ab /\!/ p$，则 $AB /\!/ P$，即直线的投影平行于同一投影面上平面的积聚投影，则该直线和平面平行。

（2）一般类：如图 5.1.2 所示，若 $a'b' /\!/ f'd'$同时 $ab /\!/ fd$，则 $AB /\!/ CDE$，即一直线与平面上的任一直线平行，则直线与平面互相平行。

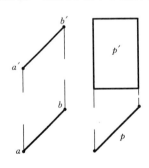

图 5.1.1 直线与特殊平面平行

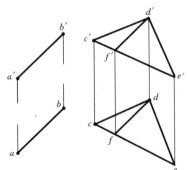

图 5.1.2 直线与一般平面平行

5.1.2 平面与平面平行

平面与平面平行的判断分为两类：

（1）特殊类：如图 5.1.3 所示，若 $p \parallel q$，则 $P \parallel Q$，即位于同一投影面上的两平面的积聚投影相互平行，则两平面相互平行。

（2）一般类：如图 5.1.4 所示，若 $a'b' \parallel f'e'$，$ab \parallel fe$，同时 $b'c' \parallel d'f'$，$bc \parallel df$，则 $ABC \parallel DEF$，即一平面内一对相交直线对应平行于另一平面内的两相交直线，则两平面平行。

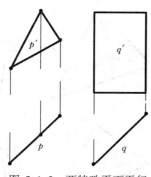

图 5.1.3　两特殊平面平行

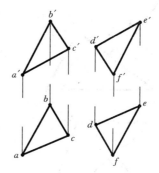

图 5.1.4　两一般平面平行

5.2　垂直问题

垂直问题也包含两类：直线与平面垂直问题和平面与平面垂直问题。

5.2.1　直线与平面垂直

直线与平面垂直的判断分为两类：

（1）特殊类：投影面平行线与投影面垂直面垂直。如图 5.2.1 所示。投影面平行线 AB 和投影面垂直面 P 垂直，只要保证 AB 的实形投影 ab 垂直于 P 的积聚投影 p 即可。

另外，当直线为投影面的垂直线，则与之垂直的平面即为投影面的平行面，如图 5.2.2 所示。

（2）一般类：除上述内容以外的情况，归结为一般类。

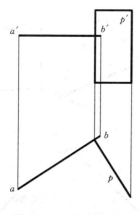

图 5.2.1　特殊位置的
直线与平面垂直

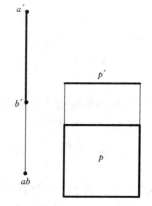

图 5.2.2　特殊位置的
直线与平面垂直

一般类的直线与平面垂直的判定条件为：直线垂直于平面内的任意一对相交直线。由于一般位置直线和一般位置直线垂直在投影图中并不反映直角关系，因此，我们判别直线和平面垂直的时候，往往只采用平面内的两条投影面的平行线（如使用一根正平线和一根水平线等）来判别。如图 5.2.3 所示。

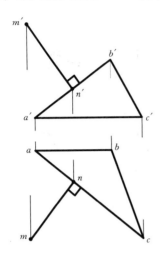

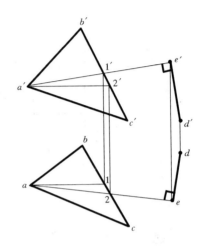

图 5.2.3 一般位置的
直线与平面垂直

图 5.2.4 过点作面的垂线

【例 5‑1】 过已知点 D 作平面 ABC 的垂线 DE。

解： 如图 5.2.4 所示：在平面内作一条正平线和一条水平线，然后过点 D 分别向正平线和水平线实形投影作垂线得 DE 的投影 $d'e'$ 和 de。

5.2.2 平面与平面垂直

平面与平面垂直的判断也分为两类：

（1）特殊类：当相互垂直的两平面同为投影面垂直面时，其投影特征为：两平面的积聚投影相互垂直，如图 5.2.5 所示 。

另一种特殊情况是：一平面为投影面平行面，另一个为投影面垂直面。如图 5.2.6 所示。

（2）一般类：除上述内容以外的情况，归结为一般类。

一般类的平面和平面垂直的判定条件是：一平面包含另一平面的一条垂线。

【例 5‑2】 包含直线 DE 作平面 DEF 垂直于平面 ABC。

解： 如图 5.2.7 所示，过直线上的 D 点作直线 DF 垂直于平面 ABC，则 DE 和 DF 所构成的平面 DEF 即为所求。

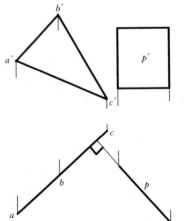

图 5.2.5 投影面垂直面相互垂直

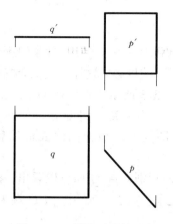

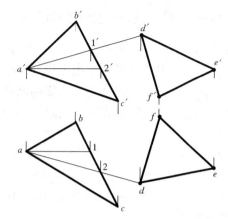

图 5.2.6 投影面平行面和
投影面垂直面相互垂直

图 5.2.7 包含已知直线作
已知平面的垂面

5.3 相交问题

相交问题包含直线与平面相交和平面与平面相交两个方面的问题。

5.3.1 一般位置直线与投影面垂直面相交

此类问题的关键是投影面垂直面的积聚性。如图 5.3.1 所示，由于平面 P 积聚成直线，所以直线 AB 和平面 P 的交点既要在 ab 上又要在 p 上，因此 ab 和 p 的交点即为该直线和平面的交点。通过作连系线可获得 k'。

相交类问题另一个重要的内容就是两个元素相互遮挡所造成的可见性的判别问题。上述情况下的可见性判别比较简单，只要通过有积聚性的投影分清前后即可。如图 5.3.2 所示，从 H 面投影可以看出，b 在 p 的右前方，即靠近 B 点的一端在平面的前面，因此在 V 面投影中，靠近 A 点的一端被平面遮挡的部分不可见，应使用虚线表示。

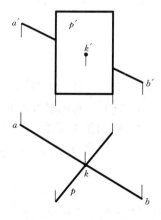

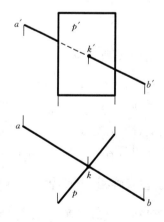

图 5.3.1 直线和投影面
垂直面垂直

图 5.3.2 可见性判别

43

5.3.2 投影面垂直线与一般位置平面相交

投影面垂直线与一般位置平面相交问题的关键是利用垂直线的积聚性来解题。由于直线积聚为一点，故直线的积聚投影也是直线和平面交点的投影。这样问题就变成已知平面上的一点的一个投影，求解另一投影的问题。如图 5.3.3 所示，直线在 H 面上的积聚投影 de 就是交点 K 的 H 面投影 k。接着，使用 K 点在平面 ABC 上求解 k'。如图 5.3.4 所示，只要过 k 作辅助线 al，则 a'l' 和 d'e' 的交点即为 k'。该作图法我们简称"点在面上"。

该类型问题的可见性的判别可以使用"方位"来判别，从 H 面可以看出，AB、AC 和 DE 的前后关系是：AB 在 DE 之前，DE 在 AC 之前。故在 V 面中，KD 端为不可见，应使用虚线。

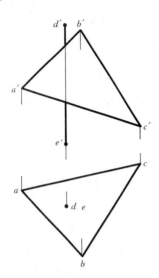

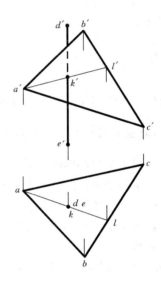

图 5.3.3　投影面垂直线　　　　　　　　图 5.3.4　"点在面上"
和平面相交

5.3.3 两投影面垂直面相交

当相交的两平面同时垂直于某投影面时，其交线也必垂直于同一投影面。如图 5.3.5 所示，平面 P 和平面 Q 同时垂直于投影面 H。故平面 P 的 H 面积聚投影和平面 Q 的 H 面积聚投影的交点即为交线 L 的积聚投影。而交线 L 的 V 面投影应垂直于 X 轴。这种情况下的可见性判别只需用"方位"来辨别即可。其结果如图 5.3.6 所示。

5.3.4 投影面垂直面和一般位置平面相交

这种情况可利用投影面垂直面的积聚性来解决。如图 5.3.7 所示，由于平面 P 积聚为一直线，而两平面的交线在平面 ABC 上，所以交线 KL 的 H 面投影 kl 可直接获得。接下来，只需根据交线 KL 在平面 ABC 上即可求得 KL 的 V 面投影 k'l'，如图 5.3.8 所示。

这种方法简称"线在面上"。

这种情况下的可见性，依然可以使用"方位"来判别。其结果参见图5.3.8。

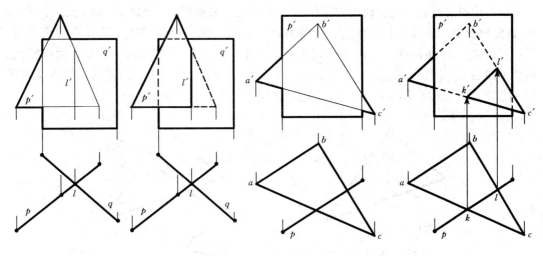

图 5.3.5 两投影面　　图 5.3.6 可见性　　图 5.3.7 一般位置平面　　图 5.3.8 "线在面上"
垂直面相交　　　　判别　　　　和投影面垂直面相交

5.3.5 一般位置直线和一般位置平面相交

这种情况需要作一辅助平面，将问题转化为5.3.4节情况来解决。

解题步骤如下：

（1）如图5.3.9所示，包含直线 AB 作一投影面垂直面P。

（2）作出垂直于 H 面的辅助平面 P 和 CDE 的交线ⅠⅡ的 H 面投影12和 V 面投影1′2′。

（3）由于交线ⅠⅡ和直线 AB 同在平面 P 内，故ⅠⅡ和 AB 投影的交点即为其空间实际交点。由此，可获得交点 K 的 V 面投影 k′。

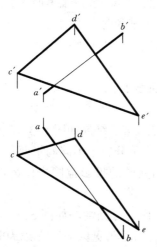

图 5.3.9 一般位置直线和
一般位置平面相交

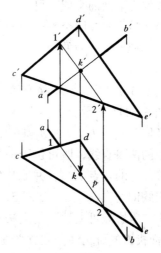

图 5.3.10 "辅助平面法"

45

（4）利用交点 K 在直线 AB 上，通过作连系线获得 K 点的 H 面投影 k，如图 5.3.10 所示。

（5）求得交点后，还需使用"重影点"的可见性来判别其可见性。如图 5.3.11 所示在 V 面投影中，选取一个重影点。此点为直线 DE 上的 I 点和 AB 上的 II 点的重影点。通过连系线向 H 面延伸，先碰到的是 I 点，为不可见点。后碰到的是 II 点，为可见点。由此可知 AB 直线在 II 点附近为可见端，而其在另一端为不可见端。用同样的方法判断 H 面投影的可见性，其最后结果如图 5.3.12 所示。

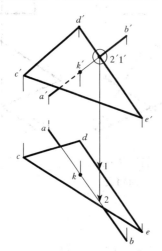

图 5.3.11 "重影点法"
判别直线可见性

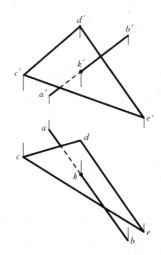

图 5.3.12 最后结果

5.3.6 两个一般位置平面相交

两个一般位置平面的交线，可以使用一般位置直线和一般位置平面求交点的方法来求解。具体的做法是：先在两个平面中任取一直线，求其和另一平面的交点；接着再任取另外一根直线求其和另一平面的交点。最后将两点相连得到两平面的交线。

作图步骤：

（1）如图 5.3.13 所示，选取平面 DEF 中的直线 DE，求其和平面 ABC 的交点 K。其结果，如图 5.3.14 所示。

（2）再任取一直线 BC，求其和平面 DEF 的交点 M。结果如图 5.3.15 所示（由此可以看出，选取的两条直线，既可位于一个平面中，也可分属于不同的平面）。

（3）连接取得的两点 KM，并取其位于两平面共同的投影范围之内的部分即为所求的交线。此交线即为直线 KL，如图 5.3.16 所示。

（4）利用"重影点可见性"判别法，判别两平面的可见性。如图 5.3.17 所示，此图判别的是 V 面投影的可见性。注意平面边线的可见与不可见区域以交线为分界。用同样的方法判别其 H 面的可见性。

最终的结果如图 5.3.18 所示。

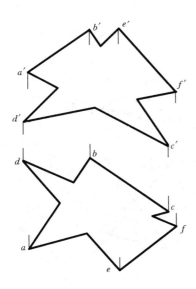

图 5.3.13 两一般位置平面相交

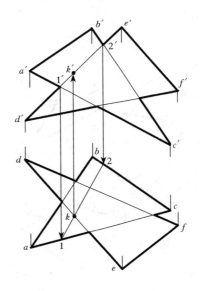

图 5.3.14 求直线 DE 和
平面 ABC 的交点 K

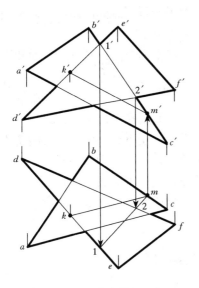

图 5.3.15 求直线 BC 和
平面 DEF 的交点 M

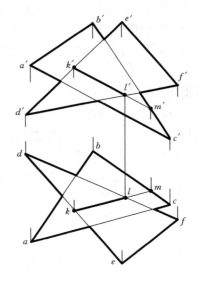

图 5.3.16 连接 KM 并
找出交线 KL

5.4 点、线、面有关问题的综合分析法

画法几何包括两种类型的问题，其一为度量类问题，另一为定位类问题。

度量类问题包括以下几种：

(1) 真实大小问题。包括直线的实长和平面的实形问题。

(2) 距离问题。包括两点间的距离，一点与一直线的距离，一点与一平面的距离，两

47

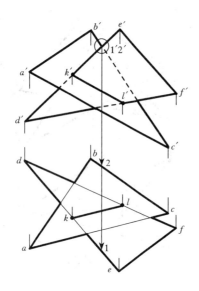

图 5.3.17 判别平面边线的可见性

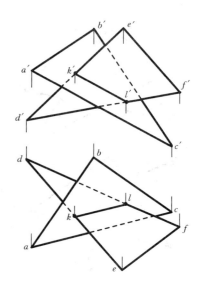

图 5.3.18 最后结果

平行直线之间的距离，两交叉直线之间的距离，两平行平面之间的距离，以及相互平行的直线和平面之间的距离。

（3）角度问题。包括两直线之间的夹角，直线和平面之间的夹角，平面和平面之间的夹角。

定位类问题包括以下几种：

（1）从属问题。包括点在直线上，点在平面上，直线在平面上。

（2）相交问题。包括两直线的交点，直线和平面的交点，平面和平面的交线。

（3）平行问题。直线和直线平行，直线和平面平行，平面和平面平行。

（4）垂直问题。直线和直线垂直，直线和平面垂直，平面和平面垂直。

以上的问题中绝大部分利用前面的知识都可以轻松解决，下面着重讲解一些比较复杂和比较典型的具有代表性的问题。

5.4.1　具有特殊位置的几何元素的度量类和定位类问题

当点、直线、平面本身或相互间对投影面处于特殊位置时，常常能够由投影来直接反映度量，或直接定位。具体请参见表 5.1。

5.4.2　一般位置的点到直线的距离问题

该问题的解题思路是：过已知点作已知直线的垂面，则已知点到垂足的距离即为所求。如图 5.4.1 所示。过 A 点作辅助平面 AⅠⅡ垂直于直线 BC。在平面 AⅠⅡ中使其中的ⅠⅡ线和 BC 线重影，从而利用直线ⅠⅡ和 BC 共面直接获得直线 BC 和平面 AⅠⅡ的交点 K。连接 AK，利用直角三角形法求得 AK 的实长，则 AK 的实长即为 A 点和直线 BC 的距离。最后的结果如图 5.4.2 所示。

表 5.1　　　　　　　　　直接反映度量或便于定位的特殊情况

直线平行于投影面	直线垂直于投影面	平面平行于投影面	平面垂直于投影面
线段的实长 两点的实距	点与直线的实距 两直线垂直	点与直线的实距 两直线垂直	点与平面的实距 直线垂直于平面
两相交直线垂直	两平行直线实距	平面实形 相交直线夹角实形 两平行直线的实距	平行直线和平面的实距 两平行平面的实距
两交叉直线的实距 两交叉直线的夹角	两交叉直线的实距 交叉直线的公垂线	直线与平面的交点 直线与平面的夹角	直线与平面的交点 两平面的交线 两平面的夹角

5.4.3　一般位置的点到平面的距离问题

一般位置情况下的点到平面的距离（图 5.4.3），求解方法是：过已知点作已知平面的垂线，求其垂足，则已知点和垂足连线的实长即为点到平面的距离。

如图 5.4.4 所示，在平面 ABC 内作正平线 $A\,Ⅱ$ 和水平线 $A\,Ⅰ$；过 d' 作 $a'2'$ 的垂线 $d'e'$；过 d 作 $a1$ 的垂线 de；求 DE 线和 ABC 的交点 E。最后利用直角三角形法求直线 DE 的实长即为点 D 到平面 ABC 的距离。

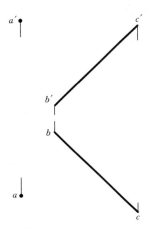

图 5.4.1　点到直线的距离

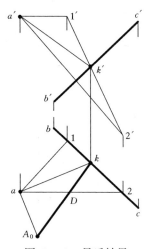

图 5.4.2　最后结果

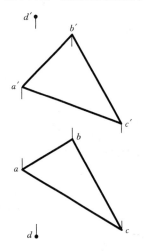

图 5.4.3　点到平面的距离

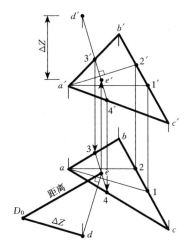

图 5.4.4　最后结果

5.4.4　一般位置的两直线的夹角问题

求两一般位置直线的夹角问题，可以利用求三角形的实形的方法来求解。

如图 5.4.5 所示，求直线 AB 和 BC 的夹角$\angle ABC$ 的真实大小。

（1）如图 5.4.6 所示，过 A 点作水平线 A Ⅰ交直线 BC 于Ⅰ点；

（2）用直角三角形法求解直线 AB 和 B Ⅰ的实长；

（3）用直线 AB、B Ⅰ和 A Ⅰ的实长线组成新的三角形 AB Ⅰ，则$\angle aB_01$ 即为 AB 和 BC 的夹角$\angle ABC$ 的真实大小。

最后结果如图 5.4.6 所示。

5.4.5　定位类问题的轨迹解法

一些比较综合的图解问题，可以利用轨迹法将其分解为简单问题加以求解。

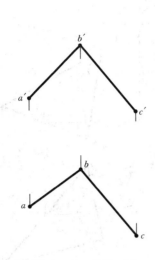

图 5.4.5 求两一般
位置直线的夹角

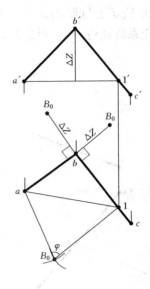

图 5.4.6 最后结果

轨迹是满足某些几何条件的一些点和直线的集合。

现将 5 个常用的基本轨迹列举如下：

（1）过一已知点且与一已知直线相交的直线轨迹，是一个通过已知点与已知直线的平面。

（2）过一已知点且平行于一已知平面的直线的轨迹，是一个通过已知点且平行于已知平面的平面。

（3）过一已知点且垂直于一已知直线的直线的轨迹，是一个通过已知点且垂直于已知直线的平面。

（4）与一已知直线相交，且与另一已知直线平行的直线的轨迹，是一个通过所相交的直线且平行于所平行的直线的平面。

（5）与一已知直线相交，且垂直于一已知平面的直线的轨迹，是一个通过已知直线且垂直于已知平面的平面。

下面将以实例说明解题的具体方法。

【例 5-3】 已知等腰三角形的底边 BC 的两面投影，并给定高 AD 为 40mm 和 AD 的 H 面投影的方向，试完成其两面投影。（图 5.4.7）

解：

（1）如图 5.4.7 所示，经分析等腰三角形的高垂直于底边且平分底边。垂直且平分底边直线的轨迹为该直线的垂直平分面。

（2）如图 5.4.8 所示，过 D 点作 BC 线的垂面 $D\,I\,II$。

（3）由于高 AD 位于该平面上，故使用"线在面上"作出直线 DE，E 点为该线方向上的任取点。

（4）利用直角三角形法，求出直线的实长 E_0d。

（5）在直线 E_0d 上量取 A_0d 的长为40mm。由此可求得 a。

（6）利用连系线获得 a'，连线得△ABC 的两面投影。

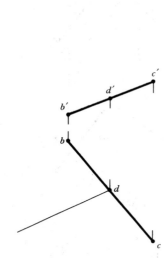

图 5.4.7 求等腰
三角形的两面投影

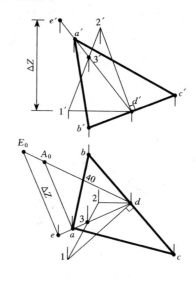

图 5.4.8 最后结果

【例 5-4】 通过 A 点作直线，使其交叉垂直于直线 BC 且平行于△DEF。（图5.4.9）

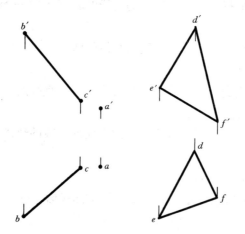

图 5.4.9 求解直线的两面投影

解：

此类题目有一明显的特点，可以找到三个约束条件，每个约束或每两个约束条件可以**构成一种轨迹**。所求结果往往是两个轨迹的交集。

（1）三个约束：

其一，通过 A 点；

其二，交叉垂直于直线 BC；

其三，平行于平面 DEF。

（2）两个轨迹：

其一，通过 A 点且交叉垂直于直线 BC 的直线的轨迹是包含 A 点垂直于 BC 的平面。

其二，通过 A 点且平行于平面 DEF 的直线的轨迹是包含 A 点平行于平面 DEF 的平面。

以上两个轨迹的作图如图 5.4.10 所示。

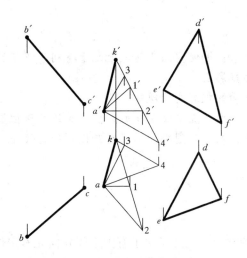

图 5.4.10　求解直线的两面投影结果

（3）求解两个轨迹平面的交线：平面 A Ⅰ Ⅱ和平面 A Ⅲ Ⅳ的交线 AK。则直线 AK 即为本题的结果。

在求解两平面的交线的时候，我们可以利用可任意添加三角形的第三边的便利，将两三角形的第三边取成在某投影面重影，从而可以利用共面直线直接获得其交点。

第六章 投 影 变 换

本章要点

◈ 换面法的目的和要求：①使空间几何元素处于有利于解题的位置；②新投影面必须垂直于一个不变的投影面。

◈ 掌握点、直线、平面的投影变换规律。

◈ 将一般位置直线或一般位置平面变换成新投影面的特殊位置直线或平面，关键是新投影面位置的选择，在投影图中即是确定新投影轴的位置。

◈ 利用换面法解题。

6.1 概述

通过前面章节内容的学习，已经了解了有关空间几何元素定位和度量等问题的解题方法。但我们发现，当几何元素处于一般位置时，解题往往比较烦琐，而当几何元素处于特殊位置时，解题过程则比较简单。现举例说明，如图 6.1.1 和图 6.1.2 所示，求 A 点到直线 BC 的距离，图 6.1.1 中直线 BC 为一般位置直线，图 6.1.2 中直线 BC 为铅垂线，现分别作图求出这两种情况的结果。

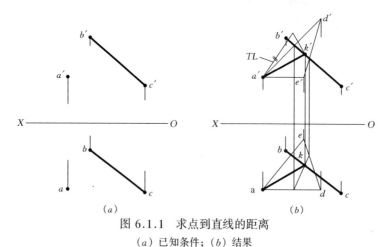

图 6.1.1 求点到直线的距离

(*a*) 已知条件；(*b*) 结果

【**例 6 - 1**】 求点 A 到直线 BC 的距离。

解：如图 6.1.1 所示

(1) 过 A 点作直线 BC 的垂面 △ADE。

（2）求垂面与直线 BC 的交点（即垂足） K 。

（3）连接 AK ，即为 A 到 BC 的垂线。

（4）再利用直角三角形法求出 AK 的实长。

【例 6‑2】 求点 A 到直线 BC 的距离。

解：如图 6.1.2 所示

（1）连接 ab ，即为 A 到直线 BC 的垂线的水平投影 ad 。

（2）过 a' 作 OX 的平行线交 $b'c'$ 于 d' 。

（3） ad 即为 A 到 BC 的距离的实长。

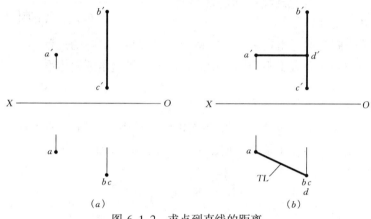

图 6.1.2 求点到直线的距离

（a）已知条件；（b）结果

通过上面两个实例，当 AB 直线为一般位置直线时，求 A 到 BC 的距离，需要作一般位置直线的垂直面，需要求一般位置直线与一般位置平面的交点，还需要求一般位置直线的实长，作图过程非常烦琐。而当 AB 直线为铅垂线时，作图过程则简单得多。为了简化作图过程，能否把这些几何元素由一般位置变成特殊位置呢？这就是投影变换。

常用的投影变换有换面法和旋转法。

空间几何元素保持不动，用新的投影面代替旧的投影面，使几何元素对新的投影面处于有利于解题的位置，这种方法称为换面法。

投影面保持不动，使空间几何元素绕某一轴旋转到有利于解题的位置，然后找出其旋转后的新投影，这种方法称为**旋转法**。

本章主要介绍换面法。

6.2 换面法

利用换面法，把处于一般位置的几何元素变换成新投影体系中的特殊位置，使解题过程简单化，这就是换面法的目的。

6.2.1 换面法的基本概念

如图 6.2.1 所示，直线 AB 在原直角两面体系 V 、 H 中为一般位置直线，它的两个投影都不反映实长。为了使新投影反映实长，可取一个平面 V_1 代替 V 投影面，使其与 AB 平行，构成新的直角投影体系 V_1、H。这样直线 AB 在新投影体系中为 V_1 面的平行线，所以在 V_1 面的投影 $a_1'b_1'$ 就反映实长，且 $a_1'b_1'$ 与新投影轴的夹角就反映直线 AB 对 H 面的夹角。

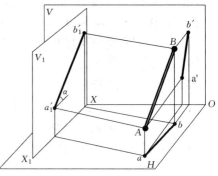

图 6.2.1　V_1 面代替 V 面

特别强调，新投影体系中新投影面与不变投影面必须是直角两面体系，这样才能利用正投影原理作出新的投影图。因此新投影面的选择必须符合以下两个基本条件：

（1）必须使空间几何元素在新投影体系中处于有利于解题的位置。

（2）新投影面必须垂直于不变的投影面，构成新的直角两面体系。

6.2.2　点的变换

如图 6.2.2 所示，在原有的 V、H 两面投影体系中，空间 A 点的投影为 a' 和 a，现新设一投影面 V_1，使其与 H 垂直，构成新的直角两面体系。

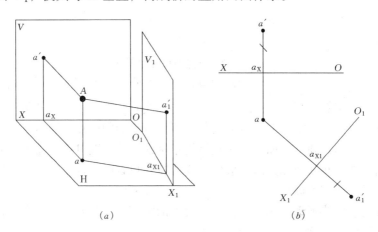

(a)　　　　　　　　　　　　(b)

图 6.2.2　点的变换
（a）空间状况；（b）投影图

根据正投影作图原理，可以作出 A 在 V_1 面的投影 a_1'，V_1 面与 H 面的交线为新的投影轴 X_1，将 V_1 面绕 X_1 轴旋转到与 H 面重合的位置，再根据正投影中点的投影规律，作出 A 在新投影体系中的投影图。

从图中可以看出，A 到 H 面的距离始终不变，$a'a_X = a_1'a_{X1}$，即旧投影到旧投影轴的距离＝新投影到新投影轴的距离＝空间点到不变投影面的距离。

据此可总结出点的投影变换规律与作图步骤：

(1) 取新投影轴 X_1。

(2) 作投影连线垂直于投影轴，这是正投影法的作图原理。

$a'a \perp OX$，在 V、H 体系中，点的旧投影与不变投影的连线 $\perp$ 旧投影轴。

$aa_1'\perp O_1X_1$，在 V_1、H 体系中，点的新投影与不变投影的连线⊥新投影轴。

（3）量距。即根据新投影到新投影轴的距离＝旧投影到旧投影轴的距离，找出新的投影。如图中的 a_1'。

在解题过程中，有时换一次面还不能达到目的，需要连续变换两次或多次投影面。如图 6.2.3 所示为点的两次变换，第一次更换 V 面，用 V_1 面代替 V 面，使 $V_1\perp H$，组成 V_1、H 体系，第二次更换 H 面，用 H_2 面代替 H 面，使 $H_2\perp V_1$，组成 V_1、H_2 体系。第二次更换投影面时求点的新投影的方法，其原理与更换第一次投影面相同。在第一次变换投影面时，V 为旧投影面，H 为不变投影面，V_1 为新投影面，OX 为旧投影轴，O_1X_1 为新投影轴。在第二次变换投影面时，H 为旧投影面，V_1 为不变投影面，H_2 为新投影面，O_1X_1 为旧投影轴，O_2X_2 为新投影轴。

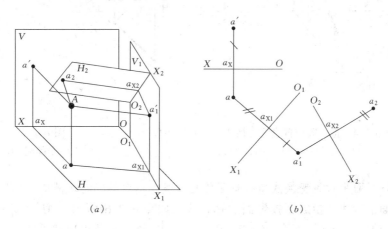

图 6.2.3 点的两次换面
（a）空间状况；（b）投影图

必须指出，在多次更换投影面时，新投影面的选择除必须符合前述的两个条件外，还必须交替地变换投影面。即 V、H 体系——V_1、H 体系——V_1、H_2 体系——V_3、H_2 体系，或 V、H 体系——V、H_1 体系——V_2、H_1 体系——V_2、H_3 体系等。

6.2.3 直线的变换

直线的变换有三种，即把一般位置直线变换成新投影面的平行线；把投影面平行线变换成新投影面的垂直线；把一般位置直线变换成新投影面的垂直线。

一、把一般位置直线变换成新投影面的平行线

如图 6.2.4 所示，把一般位置直线 AB 变换成新投影体系中 V_1 面的平行线，必须满足两个条件：第一，$V_1\perp H$ 面，即新投影必须是直角投影体系，V_1 面是 H 的垂直面。第二，$AB\mathbin{/\!/}V_1$ 面。根据所学的知识，如果一条直线与铅垂面平行，那么直线在 H 面的投影必与铅垂面在 H 面的积聚性投影平行，即 $ab\mathbin{/\!/}X_1$ 轴。

由此得出把一般位置直线变换成新投影面平行线的关键是：

新投影轴$\mathbin{/\!/}$不变的投影。

直线的变换，只要变换直线上两点 A、B，所以只要求出 $a'b'$，就求出了直线的新投

影 $a_1'b_1'$。

从图6.2.4（a）中可看出，$a_1'b_1'$ 就是直线 AB 的实长，且 $a_1'b_1'$ 与 X_1 轴夹角就是 AB 与 H 面夹角 α。

同理，将一般位置直线变换成新投影体系中 H_1 面的平行线，就可以求出直线的 β 角和实长，如图6.2.5所示。

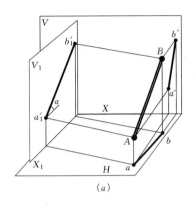
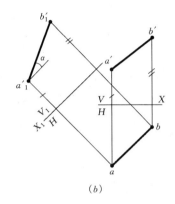
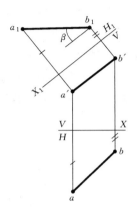

图6.2.4　把一般位置直线变换成 V_1 面平行线
（a）空间状况；（b）投影图

图6.2.5　一般位置直线变换成 H_1 面的平行线

二、把投影面平行线变换成新投影面的垂直线

把投影面平行线变换成新投影面的垂直线，如图6.2.6所示，AB 是水平线，$AB /\!/ H$ 面，如果 $AB \perp V_1$ 面，那么 $ab \perp V_1$ 面，$ab \perp X_1$ 轴。由此得出把投影面平行线变换成新投影面的垂直线的关键是：

新投影轴 $\perp$ 不变投影。

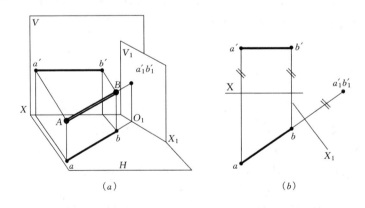

图6.2.6　把水平线变换成 V_1 面垂直线
（a）空间状况；（b）投影图

图6.2.6（b）是把水平线 AB 变换成 V_1 面的垂直线的作图过程。

同理，若把正平线变换成 H_1 面的垂直线，X_1 轴 $\perp a'b'$。如图6.2.7所示。

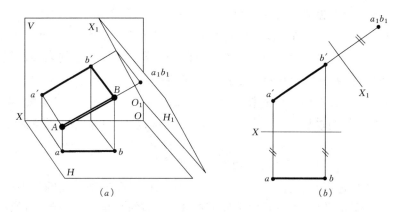

图 6.2.7 把正平线变换成 V_1 面垂直线

（a）空间状况；（b）投影图

三、把一般位置直线变换成新投影面的垂直线

把一般位置直线变换成新投影面垂直线，一次换面是不能完成的。因为如果通过一次换面，使新投影面与一般位置直线垂直，那么这个新投影面不可能与不变的投影面垂直，即不能构成直角投影体系。因此，把一般位置直线变换成新投影面的垂直线，必须经过两次换面，先将一般位置直线变换成投影面平行线，然后再将投影面平行线变换成新投影面的垂直线。

如图 6.2.8 所示，AB 直线为一般位置直线，通过一次换面，将 AB 直线变换成 V_1 面的平行线，再用 H_2 面代替 H 面，将 AB 变换成 H_2 面的垂直线。

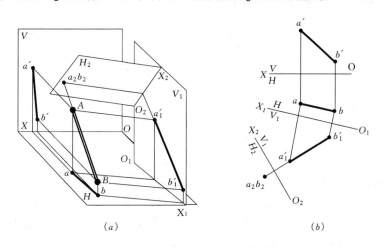

图 6.2.8 一般位置直线变换成投影面垂直线

（a）空间状况；（b）投影图

6.2.4 平面的变换

平面的变换有三种：即把一般位置平面变换成新投影面的垂直面，把投影面垂直面变换成新投影面的平行面，把一般位置平面变换成投影面的平行面。

一、把一般位置平面变换成新投影面垂直面

如图 6.2.9 所示，△ABC 是一般位置平面，现用 V_1 面代替 V 面，使△ABC 变成 V_1 面的垂直面。即 V_1 面⊥△ABC ，又 V_1 面⊥H 面，根据所学的内容，我们知道只要 V_1 面⊥△ABC 中的水平线就可满足上述两个条件。

因此，把一般位置平面变换成新投影面的垂直面，其实就是把△ABC 中的投影面平行线变换成新投影面的垂直线。由此可得出将一般位置平面变换成新投影面的垂直面的关键要点：

新投影轴⊥平面内投影面平行线的不变投影。

图 6.2.9（b）是将一般位置平面△ABC 变换成 V_1 面的垂直面的作图过程。先作出△ABC 中的任一条水平线 CD，再将 CD 变换成 V_1 面的垂直线，为此新投影轴 X_1⊥cd，根据换面法的作图原理，作出△ABC 在 V_1 面的投影。该投影应积聚成一条直线 $a_1'b_1'c_1'$，它与 X_1 轴的夹角即为△ABC 与 H 面的夹角 α。

同理，若要求△ABC 的 β 角，则只需把△ABC 变换成 H_1 面的垂直面。为此，新投影轴必须垂直于△ABC 中的正平线。

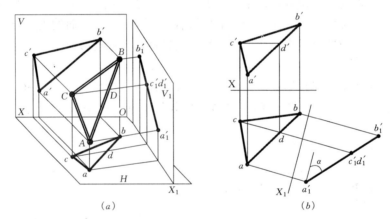

图 6.2.9　把一般位置面变换成 V_1 面垂直面

（a）空间状况；（b）投影图

二、把投影面垂直面变换成新投影面的平行面

如图 6.2.10 所示，△ABC 是铅垂面，要把△ABC 变换成 V_1 面的平行面，即 V_1 面 // △ABC，且 V_1 面⊥H 面。我们知道，两个铅垂面平行，它们在 H 面的积聚性投影必平行，X_1 轴 // abc。所以把投影面垂直面变换成新投影面的平行面的关键要点是：

新投影轴 // 不变投影（积聚投影）。

三、把一般位置平面变换成投影面平行面

把一般位置平面变换成投影面平行面，一次换面是不能完成的。因为平行于一般位置平面的投影面，不可能与其他投影面垂直而构成直角投影体系。必须经过两次换面，先把一般位置平面变换成投影面垂直面，再把投影面垂直面变换成投影面平行面。

如图 6.2.11 所示，△ABC 是一般位置平面，第一次用 V_1 面代替 V 面，将△ABC 变换成 V_1 面的垂直面，第二次用 H_2 面代替 H 面，将△ABC 变换成 H_2 面的平行面。

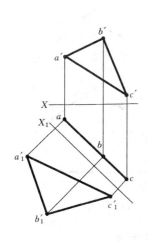

图 6.2.10 铅垂面变换成
V_1 面平行面

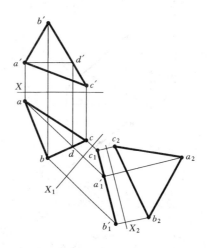

图 6.2.11 把一般位置面
变换成 H_2 面平行面

△$a_2b_2c_2$ 就是△ABC 的实形。

对于一般位置平面，可通过一次换面求出它对投影面的倾角，两次换面求出它的实形。

综上所述，把一般位置直线或一般位置平面变换成特殊位置直线或平面，新投影面位置的选择是作图的关键。而新投影面位置的选择在作图过程中表现为新投影轴的选择（新投影轴是新投影面在不变投影面的积聚性投影）。所以，选择新投影轴在换面法作图步骤中是最关键的一步。

6.3 换面法解题举例

换面法的目的是使处于一般位置的几何要素通过变换投影面，在新的投影面中处于特殊位置，使作图过程简单，有利于解决问题。下面举几个实例来讲解用换面法解决几何问题。

【例 6‑3】 过 A 点作直线与 BC 垂直相交，并求 A 点到直线 BC 的距离。

解：如图 6.3.1 所示，BC 为一般位置直线。如果将 BC 变换成投影面垂直线，那么它的垂线就是该投影面的平行线。参照图 6.1.1。

作图步骤：

（1）一次换面，把 BC 直线变换成投影面平行线。图 6.3.1（b）把 BC 直线变换成 V_1 面的平行线，A 点也相应地变换为 a_1'。根据直角投影定理，作 $a_1'd_1'\perp b_1'c_1'$。

（2）二次换面，把 BC 直线变换成投影面垂直线。图 6.3.1（b）把 BC 直线变换成 H_2 面垂直线，A 点也相应地变换为 a_2。

（3）连接 a_2d_2（d_2 为垂足），AD 是 H_2 面的平行线，所以 a_2d_2 就是 AD 的实长。

（4）坐标返回。根据 D 点在 BC 上，作投影连线与投影轴垂直，求出 d、d'。

（5）连接 ad、$a'd'$。

比较图 6.1.2，同样是求 A 点到 BC 直线的距离，但是用换面法要简单得多。

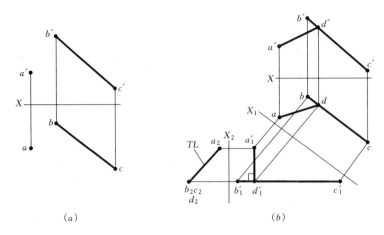

图 6.3.1　求 A 点到直线 BC 的距离

（a）已知条件；（b）结果

【例 6 - 4】　求 K 点到△ABC 的距离。

解：如图 6.3.2 所示，求 K 点到△ABC 的距离，如果△ABC 是投影面垂直面，那么它的垂线就是该投影面的平行线，反映实长。因此，只要换一次面，把△ABC 变换成新投影面的垂直面，就可以求出 K 点到△ABC 的距离。

作图步骤：如图 6.3.2（b）所示

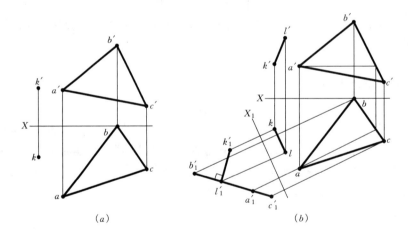

图 6.3.2　求 K 点到△ABC 的距离

（a）已知条件；（b）结果

（1）一次换面，将△ABC 变换成 V_1 面的垂直面。k' 也相应变换成 k_1'。

（2）作 $k_1'l_1'\perp a_1'b_1'c_1'$，垂足为 l_1'，$k_1'l_1'$ 即为实长。

（3）坐标返回。因为 KL 是 V_1 面的平行线，根据投影面平行线的投影特性，作出 kl //X_1 轴。再根据 $l_1'l\perp X_1$ 轴，找到 L 的 H 面投影 l。

（4）根据 $l'l\perp X$ 轴，并量距（旧投影到旧投影轴的距离 = 新投影到新投影轴的距离），求出 l'。

本题的关键是坐标的返回，即如何从 l_1' 返回到 l'。

【**例 6 - 5**】　在直线 AB 上找 K 点，使其距 C 点为 20。

解：空间分析

直线 AB 与 C 点可以构成一个平面。将平面 ABC 通过两次换面后变换成投影面平行面，反映实形，在此投影上就可以根据已知条件找到 K 点。然后返回到 H 面和 V 面求出 k、k'。

作图步骤：如图 6.3.3（b）

（1）将 ABC 平面通过两次换面，变换成投影面平行面。

（2）$\triangle a_2 b_2 c_2$ 反映实形，以 c_2 为圆心，20 为半径画弧，交 $a_2 b_2$ 于 k_2 点。

（3）坐标返回。K 点在 AB 上，由此求出 k_1'。

（4）由 k_1' 作出 k、k'。

本题有两解，图中只作出一解。

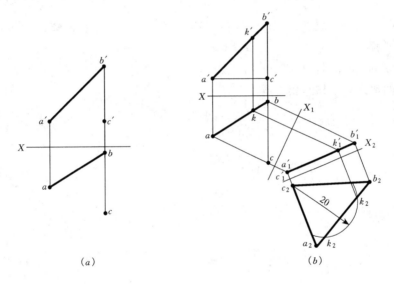

（a）　　　　　　　　　　　　　　（b）

图 6.3.3　在直线 AB 上按要求找出 K 点

（a）已知条件；（b）结果

【**例 6 - 6**】　已知 $AB /\!/ CD$，且相距 15，求作 AB 的投影。

解：空间分析

如图 6.3.4 所示，若平行两直线 AB 和 CD 是投影面垂直线，则它们在该投影面上的投影积聚成点，且反映它们的真实距离。由此可确定 AB 的投影。

作图步骤：如图 6.3.4（b）

（1）因为 $AB /\!/ CD$，由此可作出 AB 的水平投影 ab（$ab /\!/ cd$）。b 点取在适当的位置。

（2）两次换面，将 CD 直线变换成 H_2 面的垂直线。$c_2 d_2$ 积聚为一点。$a_2 b_2$ 也应为一点。

（3）以 $c_2 d_2$ 为圆心，15 为半径画圆，$a_2 b_2$ 应在这个圆上。

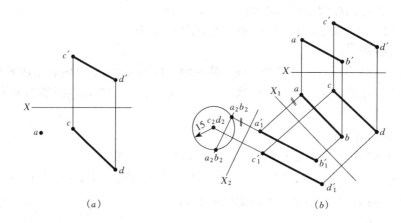

图 6.3.4　根据已知条件作出直线 AB 的投影

（a）已知条件；（b）结果

（4）量距，求出 a_2b_2。a 到 X_1 轴的距离 $= a_2$ 到 X_2 轴的距离，从图中看出应有两解。

（5）由 a_2b_2 和 ab 返回求出 $a'_1b'_1$、$a'b'$。

本题有两解，图中只作出一解。

第七章 立　　体

本章要点

- 立体的分类：①平面体：棱柱体、棱锥体；②曲面体：圆柱体、圆锥体、圆球体和圆环体。
- 棱柱体：①棱柱体的投影特性；②棱柱表面上的点和线。
- 棱锥体：①棱锥体的投影特性；②棱锥表面上的点和线。
- 圆柱体：①圆柱体的投影特性；②圆柱表面上的点和线。
- 圆锥体：①圆锥体的投影特性；②圆锥表面上的点和线。
- 圆球体和圆环体：①圆球体的投影特性；②圆环体的投影特性；③球表面上的点和线；④圆环表面上的点和线。
- 平面体表面的展开。
- 曲面体表面的展开。
- 螺旋面和螺旋楼梯。

7.1 平面立体的投影特性

立体可以分为平面立体和曲面立体。平面立体又进一步分为棱柱体和棱锥体。曲面体可分为圆柱体、圆锥体、圆球体和圆环体。

7.1.1 棱柱体的投影特性

棱柱体的投影随着棱柱体在投影体系中的放置位置的不同而具有不同的投影特性。图7.1.1 所示的是"正柱"正放，图 7.1.2 所示的是"正柱"斜放，图 7.1.3 所示的是"斜柱"。

形体的投影是由形体的表面的投影组成，因此，形体投影的主要组成要素是其表面和棱线。

图 7.1.1 所示的正放的正五棱柱，其五个侧面同时垂直于 H 面，在 H 面具有积聚性，其上下两个底面平行于 H 面，在 V 面和 W 面都具有积聚性。这些性质对于我们求解棱柱的相关问题很重要，请予以关注。

另外，该图还体现出棱柱的侧棱在 H 面也具有积聚性，在后续问题的研究中，我们经常需要将棱柱的有关问题拆解成平面和直线的问题来解决。这实际上是将棱柱拆解成各棱面或棱线来求解。

图 7.1.2 所示的斜放的正五棱柱，其主要特点是其侧面倾斜于投影面，侧面不能同时

垂直于投影面，因而和正五棱柱相比没有积聚性可以利用，其相关问题的解决需使用辅助平面或辅助直线来解决。

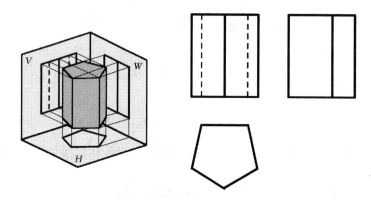

图 7.1.1　正放的正五棱柱的投影

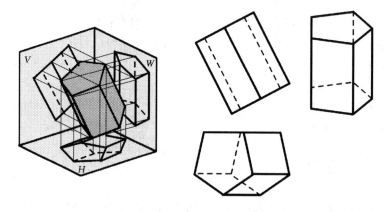

图 7.1.2　斜放的正五棱柱的投影

图 7.1.3 所示的斜三棱柱其侧面不能同时在同一投影面中积聚，但其上下两底面平行于 H 面，在 V 面和 W 面有积聚性。

经比较可以发现正柱斜放后和斜柱的投影特性相似，因而解题时所用的方法是一样的。

总之，在所有的立体方面的问题中，积聚性是最重要的投影特性之一。掌握好这一特性对我们解决立体的画法几何问题很重要。

7.1.2　棱柱体投影的可见性判别

棱柱体的可见性判别，可以使用前面章节所讲的方法，即重影点判别法，也可使用棱柱体本身的性质来判断。下面将前节的三种情况分别加以阐述。

一、侧面有积聚性的柱体

正放的正柱体，如图 7.1.1 所示。此种情况应从反映底面实形的投影入手。H 面投影反映了侧面的积聚性。其判别步骤如下：

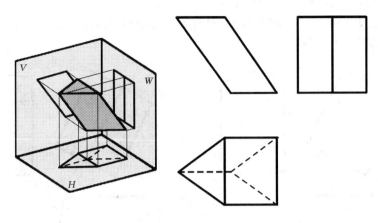

图 7.1.3　斜三棱柱的投影

（1）轮廓线总是可见的。

在所有可见性判别的问题中，首先要使用的一个性质是：轮廓线总是可见的。对图 7.1.1 使用该性质进行判别可以得到图 7.1.4 所示的结果。

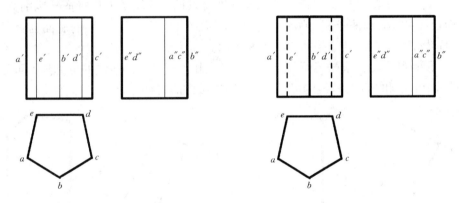

图 7.1.4　轮廓线判别　　　　　图 7.1.5　V 面投影判别

（2）H 面除轮廓线外无其他的棱线，因此无需再判别。

（3）轮廓线判别法：V 面投影有 B、D、E 三条棱线需判别（图 7.1.4）。A 和 C 是 V 面的轮廓线，因此这两根线是 V 面投影可见和不可见的分界线，位于它们前方的棱线是可见的，位于它们后方的棱线是不可见的（前后位置可以通过 H 面投影看出）。根据这一点可以得到图 7.1.5 所示的结果。

（4）对称判别法：W 面投影可以根据对称性来判别。由于该形体左右对称，因此 W 面中右方的棱线和左方的棱线一定重合，根据这一点可知 W 面中无虚线。结果如图 7.1.1 所示。

二、侧面无积聚性的柱体

斜放的正柱体和斜柱体由于侧面没有积聚性，因此其底面投影的可见性判别比上一种情况要复杂一些。但也因此我们可以抓住底面的方位特征来判别其可见性。

图 7.1.2 所示的柱体，其可见性判别如下：

（1）轮廓线总是可见的。判断结果如图 7.1.6 所示。

（2）轮廓线判别法：V 面投影的可见性判别和前面的情况（图 7.1.5）相似，方法同前，其结果如图 7.1.7 所示。

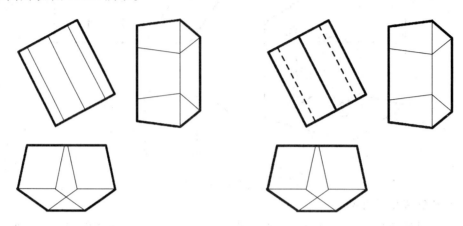

图 7.1.6　轮廓线判别　　　　　　　　图 7.1.7　V 面投影判别

（3）底面判别法：H 面投影的可见性判别可以抓住底面的方位特征来判别其可见性。从 V 面投影可以看出两个底面哪个位于上面，哪个位于下面。上面的底面为可见面，下面的底面为不可见面。其结果如图 7.1.8 所示。

（4）顶点判别法：根据三面共点的特点，利用通过顶点的棱线的可见与不可见的规律来判断图中 AB 和 CD 两棱线的可见性。其结果如图 7.1.9 所示。

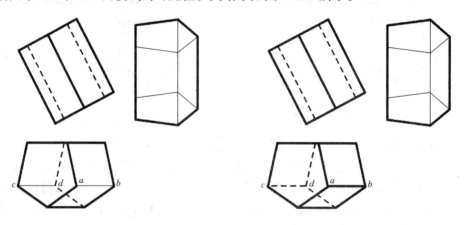

图 7.1.8　底面判别法　　　　　　　　图 7.1.9　顶点判别法

通过顶点的棱线，其可见与不可见的规律分为三种情况，具体阐述如下：

如图 7.1.10 所示，第一种是：三条棱线均为可见；第二种是：两条棱线为可见，而第三条棱线为不可见；第三种是：三条棱线均为不可见。也就是说两条不可见而一条可见的情况是不存在的。

从图 7.1.8 中可以看出 D 顶点已有两条为虚线，因此第三条也必为虚线。

而 AB 棱线的可见性判别需要根据其两个端点的可见性来决定。由于 A 点和 B 点都是可见点，因此得出 AB 棱线为可见棱线。

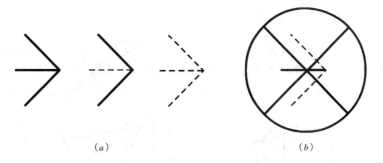

图 7.1.10 棱线的可见与不可见的规律

(a) 存在的情况；(b) 不存在的情况

综上所述，顶点判别法包括两条：一是图 7.1.10 所示的规律；二是根据棱线两个端点的可见性来决定该棱线的可见性。注意：只有当两个端点都是可见点，该棱线才是可见棱线。只有一端为可见，另一端为不可见时，该棱线依然为不可见棱线。

本例的 W 面投影的判别方法和 H 面一样，其最终结果如图 7.1.2 所示。

图 7.1.3 所示的柱体，其可见性判别如下：

(1) 轮廓线总是可见的。判断结果如图 7.1.11 所示。

(2) V 面投影除轮廓线外无其他的棱线，因此无需再判别。

(3) 底面判别法：H 面投影的可见性判别可以抓住底面的方位特征来判别其可见性。从 V 面投影可以看出两个底面哪个位于上面，哪个位于下面。上面的底面为可见面，下面的底面为不可见面。其结果如图 7.1.12 所示。

(4) 顶点判别法：利用上例所述的方法，可以获得剩余棱线的可见性。结果如图 7.1.3 所示。

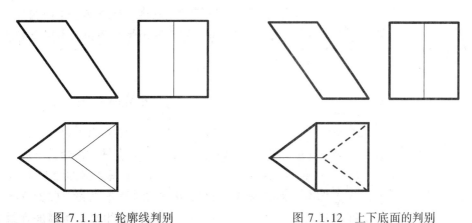

图 7.1.11 轮廓线判别   图 7.1.12 上下底面的判别

7.1.3 棱锥体的投影特性

棱锥体的投影特性和侧面无积聚性棱柱体的投影特性相似。如图 7.1.13 所示。

棱锥的侧面在任何投影面中都不积聚，只有底面平行于 H 面，在 V 面和 W 面中积聚。其相关问题的解决需使用辅助平面或辅助直线加以解决。

7.1.4 棱锥体投影的可见性判别

棱锥体投影的可见性判别和侧面无积聚性的棱柱体的可见性判别方法相同。即利用："轮廓线总是可见"、"轮廓线判别法"、"底面判别法"、"对称判别法"或"顶点判别法"。

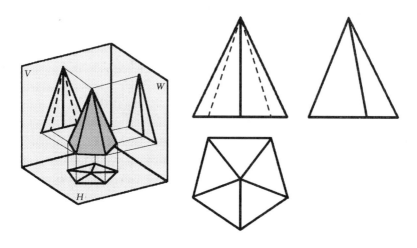

图 7.1.13 五棱锥的投影

图 7.1.13 所示的五棱锥的可见性判别：

（1）轮廓线总是可见的。判断结果如图 7.1.14 所示。

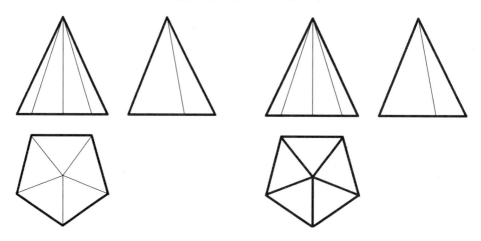

图 7.1.14 轮廓线总是可见   图 7.1.15 底面判别法

（2）H 面投影由于锥的底面在下为不可见，因此侧面皆为可见。判断结果如图 7.1.15 所示。

（3）V 面投影以 SA 和 SC 为轮廓线，从 H 面投影可以看出 SB 在轮廓线的前方，而 SD 和 SE 在轮廓线的后方，故 SB 为实线，而 SD 和 SE 为虚线。结果如图 7.1.16 所示。

（4）对于 W 面投影，由于该图左右对称，根据对称性 W 面投影无虚线。结果如图 7.1.17 所示。

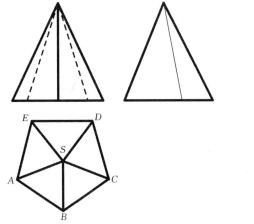

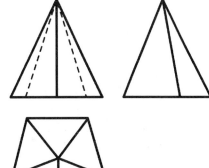

图 7.1.16　轮廓线判别线　　　　　　　图 7.1.17　对称判别法

7.2　曲面立体的投影特性

曲面立体可分为圆柱体、圆锥体、圆球体和圆环体。

7.2.1　圆柱体的投影特性及可见性判别

如图 7.2.1 所示，圆柱的侧面垂直于 H 面，在 H 面积聚成圆。上下两底面平行于 H 面，在 H 面投影中反映底面实形。

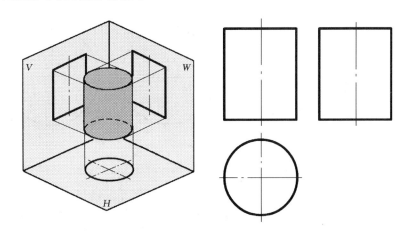

图 7.2.1　圆柱体的投影特性

对于曲面体来说，其旋转轴的作用很重要，它既是旋转体的重要标志，又是其重要的定位依据，必须引起足够的重视。

圆柱体投影的可见性判别只要利用"轮廓线总是可见"即可。

7.2.2　圆锥体的投影特性及可见性判别

如图 7.2.2 所示，圆锥的侧面和圆柱不同，圆锥的侧面无积聚性，因此圆锥相关问题的解决需要使用辅助平面或辅助直线或辅助圆来解决。

圆锥体投影的可见性判别也只要利用"轮廓线总是可见"即可。

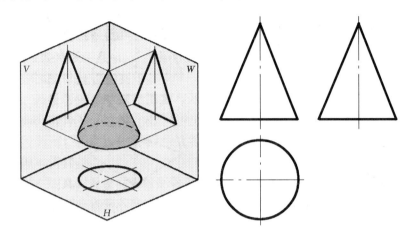

图 7.2.2 圆锥体的投影特性

7.2.3 圆球和圆环体的投影特性及可见性判别

如图 7.2.3 所示，和圆柱体与圆锥体不同，圆柱和圆锥是直纹曲面，并且是可展开曲面，而圆球体是非直纹不可展曲面。圆球体的表面不存在直线，因此其相关问题的解决只能用平面圆作为辅助线。

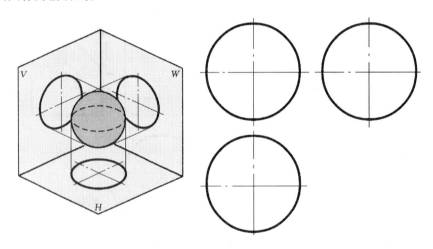

图 7.2.3 圆球体的投影特性

图 7.2.4 所示的圆环体也是非直纹不可展曲面，其投影特性和圆球体投影相似。

以上两种投影的可见性判别也只要用"轮廓线总是可见"即可。

以上两种形体的投影特征和解题方法基本一致，只是圆球是"凸"体，而圆环是"凹"体，在可见性判别方面更为复杂一点。

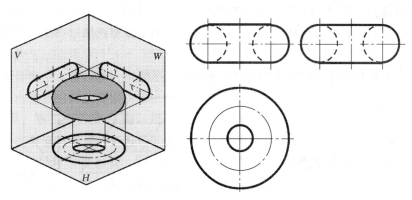

图 7.2.4 圆环体的投影特性

7.3 平面立体表面上的点和线

在立体表面确定点和线是解决立体与立体相交问题的关键。是求解相贯线问题的基本方法和手段。必须熟练掌握。

7.3.1 有积聚性平面立体表面上的点和线

在有积聚性平面立体表面确定点和线的投影位置，只需利用连系线即可。

【例 7-1】 确定图 7.3.1 中三棱柱表面上的 A 点和直线 BC 的其他两面投影。

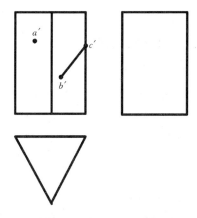

图 7.3.1 补全三棱柱表面点
和线的投影

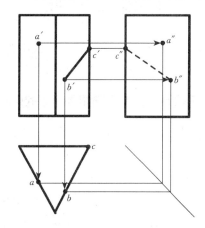

图 7.3.2 连系线法定点

解：由于 A 点和 BC 直线所在的三棱柱侧面在 H 面有积聚性，故可作连系线至 H 面获得点的投影 a 和直线的投影 bc。从而再利用连系线获得其 W 面投影。其结果如图 7.3.2 所示。另外，直线 BC 的 W 面投影 $b''c''$ 的可见性可以使用其所在面的可见性来判断。

7.3.2 无积聚性平面立体表面上的点和线

在无积聚性平面立体的表面确定点和线的投影，需使用辅助线来完成。

【例 7-2】　确定图 7.3.3 中点 A 和直线 BC 的其他投影。

解：过 a' 作平行于底面边线的辅助线，如图 7.3.4 所示，然后利用"点在线上"得到投影 a。而 a'' 则通过连系线即可获得。BC 直线延伸后可和棱线相交，再利用连系线即可获得其余的投影。

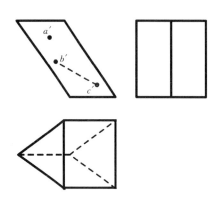

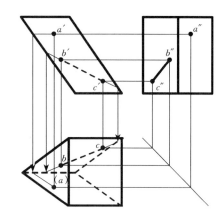

图 7.3.3　补全三棱柱表面点和线的投影　　　图 7.3.4　辅助线法定点

求得投影后，其投影可见性可以使用点或线所在柱体侧面的可见性来决定。在可见面上的点或线是可见的，而在不可见面上的点或线是不可见的。

7.4　曲面立体表面上的点和线

在曲面立体的表面上确定点的投影所用的方法和前面所述的内容相似，而在曲面立体的表面确定线（圆或任意曲线）则需要使用描点的方法来绘制。

7.4.1　有积聚性的曲面立体表面上的点和线

在有积聚性的曲面立体表面求解点的投影，只要使用连系线即可。

【例 7-3】　如图 7.4.1 所示，求解圆柱体表面点 A 和曲线 BC 的其他两面投影。

解：由于点 A 位于圆柱体的侧面上，而该圆柱的侧面在 H 面积聚成圆线，故点 A 的 H 面投影必位于该圆周上。故 A 点的投影如图 7.4.2 所示。

求解曲线 BC 的投影需使用描点法。为了用尽量少的点又尽可能精确地描绘出所求曲线，因而需将该曲线上的点按照其对曲线的控制能力的大小划分为特殊点和一般点两类。如图 7.4.3 所示，其中的 B、C 两点为曲线的端点应列于特殊点之列。另外，点Ⅲ位于圆柱的 W 面转向轮廓线Ⅰ Ⅱ之上。它是 W 面上曲线 BC 的可见段和不可见段的分界点，因而也属特殊点之列。

另外，为了进一步确定曲线 BC 的走向，只凭上述的少数几个特殊点，还不能满足描点的需要，因此需进一步增加一般点，如图 7.4.4 所示，本例增加Ⅳ、Ⅴ两个点。最终的描绘结果如图 7.4.4 所示。注意 b'' 至 $3''$ 段为可见线段，$3''$ 至 c'' 为不可见线段。

BC 线的可见性可使用"轮廓线判别法"来判断。

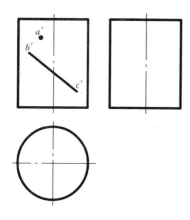

图 7.4.1　补全圆柱表面点和线的投影

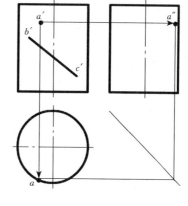

图 7.4.2　连系线法定点

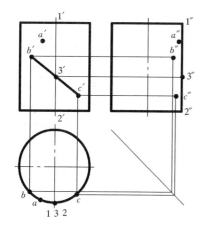

图 7.4.3　求解曲线 BC 上特殊点

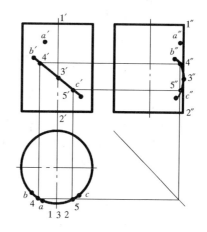

图 7.4.4　插补曲线 BC 上一般点

7.4.2　无积聚性的曲面立体表面上的点和线

在无积聚性的曲面立体表面确定点和线，需使用辅助线。辅助线有两种，一种为直线，另一种为圆。

【例 7‐4】　如图 7.4.5 所示，求作圆锥表面上的点 A 和曲线 BC 的其他两面投影。

解：A 点的其他投影可以利用圆辅助线来求解。如图 7.4.6 所示，在 V 面投影中作平行于 H 面的且通过 A 点的圆，则该圆在 H 面反映实形圆，然后利用 a' 在该圆周上作出 a。根据 a' 和 a 可作出 a''。

BC 曲线需使用描点的方法来求解。首先，求出特殊点，如图 7.4.7 所示。

这些特殊点中，点 B、C 为曲线的起末点，点 D 为圆锥的 W 面转向轮廓线上的点，点 E 比较隐蔽，不容易注意到。如图 7.4.7 所示，如果我们包含 BC 作一垂直于 V 面的平面，则该平面与圆锥的交线为一椭圆，BC 为该椭圆的一部分，而 E 点为该椭圆轴线上的点，它控制着该曲线最前点（Y 坐标为最大值）。其中 D、C 两点位于转向轮廓线上，可直接通过连系线获得。而 B、E 两点需作辅助线，本例采用的是辅助圆。

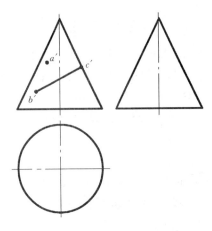

图 7.4.5　补全圆锥表面点和线的投影

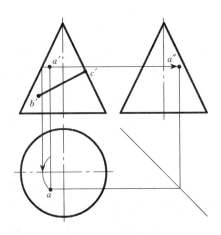

图 7.4.6　作圆辅助线

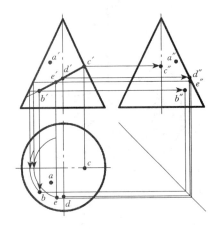

图 7.4.7　求出特殊点的投影

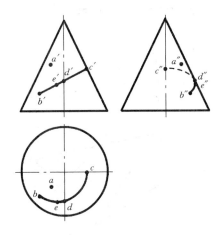

图 7.4.8　最后结果

本例除特殊点外，还需补充一两个一般点，然后用光滑的曲线连接各点，其最终结果如图 7.4.8 所示。

可见性判别：BC 的 H 面投影位于锥侧面上，H 面锥侧面为可见面，故 BC 的 H 面投影为可见线；BC 的 W 面投影由于跨过了圆锥的 W 面转向轮廓线，因此，BC 的一段为可见线，一段为不可见线。可见与不可见的分界点为转向轮廓线上的点 D。

7.5　立体表面的展开

立体表面的展开，就是将立体的所有表面，按其实际形状和大小，顺次表示在一个平面上。展开后所得的图形，称为立体表面展开图。

7.5.1　棱柱体表面的展开

如图 7.5.1 所示，柱体的侧棱线长度相同，且底面在 H 面反映实形，故柱体的表面展开无需求解表面的实形即可直接作图。

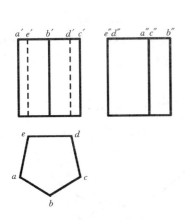

图 7.5.1 求五棱柱的表面展开图

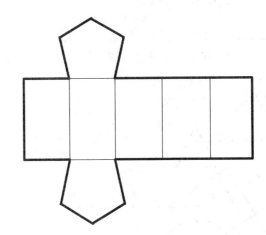

图 7.5.2 五棱柱表面的展开图

其中棱柱侧面通过将底面五边形 H 面投影中各边的实长量取在展开图中，再以 V 面投影中棱线的实长作为展开图中矩形的边长。底面投影在 H 面中本来就是实形，可将其拼接在侧面展开旁即可，结果如图 7.5.2 所示。

展开图的最外界线用粗实线表示，其余对应于各棱线的线条用细实线表示。展开图中的最外界线，如棱线有长短时，一般应当是最短的棱线，以便在实际工程中连接成一个立体表面时，可以节省连接的工料。但有时材料为了套裁，也有例外的情况。

7.5.2 棱锥体表面的展开

如图 7.5.3 所示，正五棱锥的展开图，底面的实形，可由反应实形的 H 面投影来画出。五个侧面的展开图，为依次画出各相同的三角形侧面的实形。各三角形的底面之长即为 H 面投影中反映实长的 ab 等长度；所有侧棱的长度均相等，可由反应 SB 实长的 $s''b''$ 来获得。若图 7.5.3 中未画出 W 面投影，则可用绕垂直轴旋转法求实长。图 7.5.3 所示五棱柱的展开图如图 7.5.4 所示。

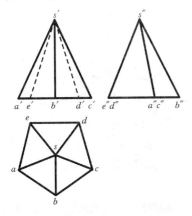

图 7.5.3 求解五棱锥表面的展开图

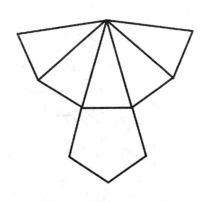

图 7.5.4 五棱锥表面的展开图

7.5.3　圆锥体表面的展开

如图 7.5.5 所示的圆锥体的展开图是一个扇形。因为正圆锥面的素线等长，且各素线交于一个公共的顶点，故展开图是半径等于素线长度、弧长是底圆周长 πD 的一个扇形。作图时可以将底圆 12 等份（等分数越多越精确），然后用每一等份的弦长代替弧长，结果如图 7.5.6 所示。

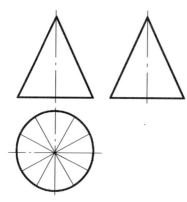

图 7.5.5　求解圆锥表面的展开图

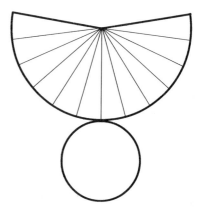

图 7.5.6　圆锥的表面展开图

7.6　螺旋面和螺旋楼梯

一条母线绕着一条轴线作螺旋运动而形成的曲面，称为螺旋面。一条与轴线垂直相交的直线为母线运动时所形成的螺旋面称为平螺旋面。螺旋楼梯及其扶手即为平螺旋面的实

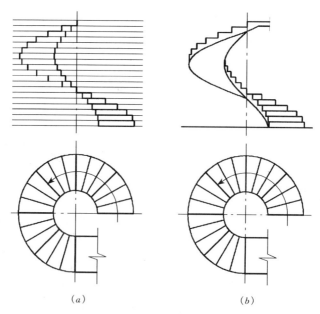

（a）　　　　　　　　　　　（b）

图 7.6.1　螺旋面和螺旋楼梯的投影

（a）作图过程；（b）作图结果

例。下面以螺旋楼梯的踏步为例，介绍螺旋楼梯的画法。作图过程参见图 7.6.1。

（1）根据圆弧范围内的踏步数或每个踏步的圆心角，作出踏步的 H 面投影。

（2）在 V 面投影中根据踏步数及各级踏步的高度，先画出表示所有踏步高度的水平线，再由 H 面投影画出各踏步的 V 面投影，并将可见的踏步轮廓线加粗。

（3）由各踏步的两侧，向下量出楼梯板的垂直方向高度，即可连得楼梯底面的平螺旋面。

第八章　平面、直线与立体相交

本章要点

◈ 平面与平面立体相交：平面与棱柱体相交，平面与棱锥体相交。

◈ 平面与曲面立体相交：平面与圆柱体相交，平面与圆锥体相交，平面与球体相交。

◈ 直线与平面立体相交：直线与棱柱体相交，直线与棱锥体相交。

◈ 直线与曲面立体相交：直线与圆柱体相交，直线与圆锥体相交，直线与球体相交。

8.1　平面与平面立体相交

平面与立体相交，可视为立体被平面截断，该平面称为截平面。截平面与立体表面的交线，称为截交线；截交线所围成的平面图形，称为截断面，如图8.1.1所示。

因为平面立体的表面由一些平面组成，所以平面立体的截交线必为一条封闭的平面折线。其中，折线段为平面立体的棱面与截平面的交线，称为截交线段；转折点为平面立体的棱线与截平面的交点，称为截交点。

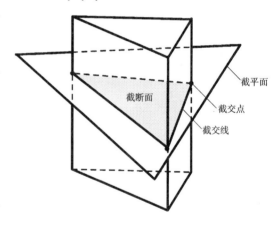

8.1.1　平面与棱柱体相交

平面立体截交线的作图步骤有两种：

（1）先求出各棱线与截平面交得的截交点，然后将位于同一棱面上的截交点依次连成截交线。

图8.1.1　平面与平面立体相交

（2）直接求出各棱面与截平面交得的截交线段来组成截交线。

截交线的求解方法有两种，一种是利用积聚投影，另一种是作辅助平面。

截交线的可见性取决于截交线段所在的棱面的可见性，即位于可见棱面上的截交线才是可见的，否则为不可见。

【例8-1】　如图8.1.2所示，求解平面 ABC 和三棱柱 DEF 的截交线。

由于 H 面投影中三棱柱的投影位于△abc 的范围内；且在 V 面投影中，三棱柱的上下两端的投影伸出△$a'b'c'$，故整个三棱柱被△ABC 所截，△ABC 只与三棱柱的侧面相交。

本例采用"截交点法"求解截交线。即分别求出棱线 D、E、F 和△ABC 的交点 K、

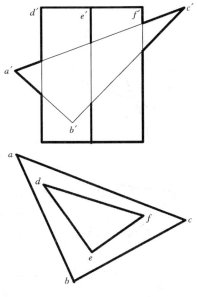
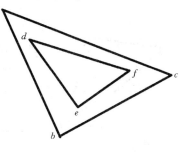

图 8.1.2　平面与三棱柱相交

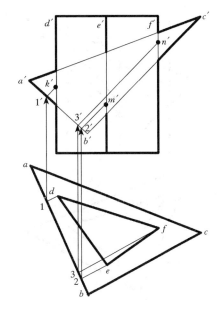

图 8.1.3　作图过程

M、N。

截交点的求解采用积聚性特征，利用"点在面上"求得。具体来说就是：由于 D、E、F 有积聚性，则其中包含的截交点的 H 面投影为已知，然后利用截交点在平面 ABC 上，在平面 ABC 内作平行于直线 BC 的辅助线 Ⅰ、Ⅱ、Ⅲ，则在 V 面投影中辅助线 1′、2′、3′ 和棱线 $d′$、$e′$、$f′$ 的交点即为所求截交点。作图过程参见图 8.1.3。

截交线的可见性可以利用三棱柱的侧面可见性来决定，另外平面 ABC 和三棱柱 DEF 相互遮挡的情况可以使用"方位法"来决定。最终结果如图 8.1.4 所示。

8.1.2　平面与棱锥体相交

平面与棱锥体相交的截交线解法和棱柱体的截交线解法相似，下面以平面与三棱锥截交为例，介绍其解法。

【例 8﹣2】　求解三角形 DEF 和三棱锥 $SABC$ 的截交线（图 8.1.5）。

本例的特点是平面 DEF 有积聚性，但锥面没有，因而此例的关键是利用平面的积聚投影 $d′f′$。

如图 8.1.6 所示，由于平面 DEF 积聚，因而截交点 Ⅰ、Ⅱ、Ⅲ 的 V 面投影为已知，通过连系线可以获得其 H 面投影。连接 Ⅰ、Ⅱ、Ⅲ 点可获得三棱锥 $SABC$ 被完整截切后的截交线，但此例的平面 DEF 的大小不足以完整截切三棱锥 $SABC$。这种情况我们称之为部分截切。对于部分截切的截交问题其解题方法是"先整体后取舍"，即：先按整体截切求解完整的截交线，然后按照截切面的大小来进行取舍，取其投影范围之内的部分，参见图 8.1.7。

本例的可见性判别，仍然可以使用"方位法"来进行判断。

从 V 面投影可以看出：从锥顶 S 至截交点之间处于上部层次，平面 DEF 处于中部

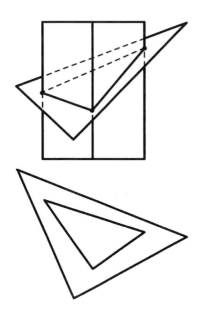

图 8.1.4　平面与三棱柱相交作图结果

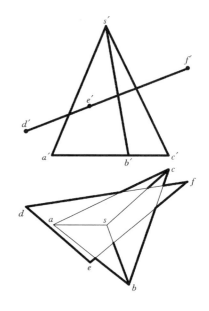

图 8.1.5　平面与三棱锥相交

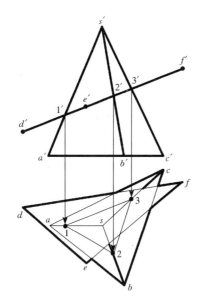

图 8.1.6　作图过程

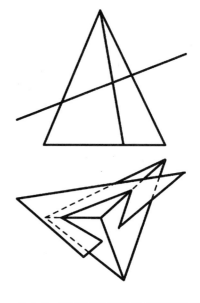

8.1.7　平面与三棱锥相交作图结果

层次，从截交点至底面 ABC 属于下部层次。上部的部分在 H 面为可见，属于下部的部分在 H 面为不可见，结果如图 8.1.7 所示。

8.2　平面与曲面立体相交

平面与曲面立体的截交线，一般情况下是一条封闭的平面曲线；当截平面与直纹面相交时,可以交于直素线;或者与曲面立体的平面部分相交时,也可交得直线;甚至,截平面仅与直纹面交于直素线和与平面部分相交时,则截交线是平面折线,参阅表8.1和表8.2。

　　求作平面与曲面立体的截交线,主要指平面与曲面立体的曲面部分的截交线。当截平面与直纹面交于直素线,或者与旋转面交于纬圆时,则作出这些直线和圆周形状的截交线,是较为方便的。

表 8.1　　　　　　　　　　　**圆 柱 截 交 线 形 状**

	垂直于圆柱轴线	平行于圆柱轴线	倾斜于圆柱轴线
空间状况			
投影图			
形状	圆周	矩形	椭圆

表 8.2　　　　　　　　　　　**圆 锥 截 交 线 形 状**

	与圆锥轴线夹角 $\theta = 90°$	与圆锥轴线夹角 $\theta > \alpha$	与圆锥轴线夹角 $\theta = \alpha$	与圆锥轴线夹角 $0 \leqslant \theta < \alpha$	通过锥顶
空间状况					

续表

	与圆锥轴线夹角 $\theta = 90°$	与圆锥轴线夹角 $\theta > \alpha$	与圆锥轴线夹角 $\theta = \alpha$	与圆锥轴线夹角 $0 \leqslant \theta < \alpha$	通过锥顶
投影图	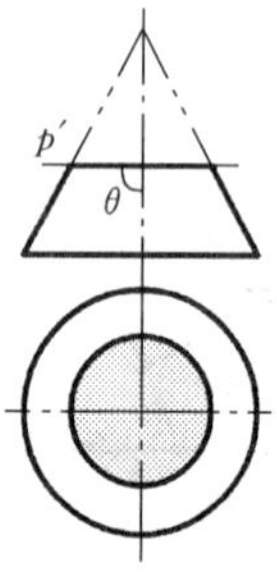	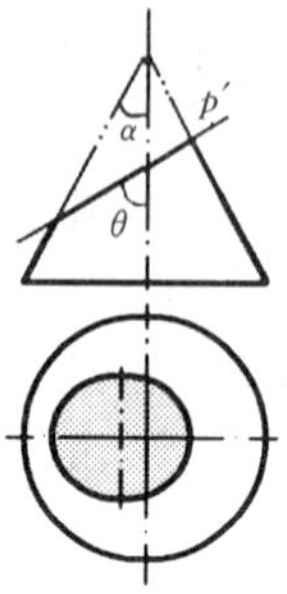	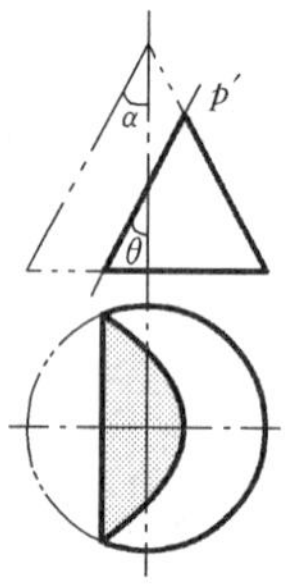	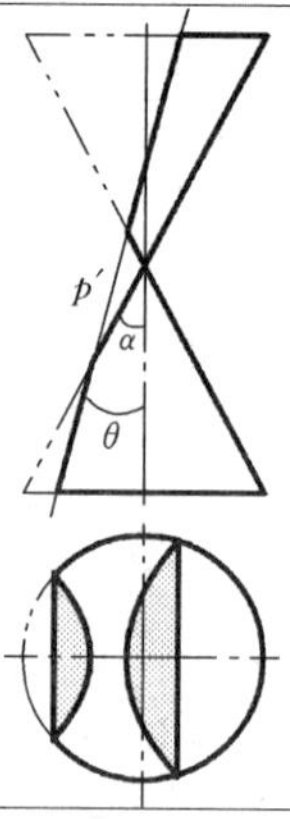	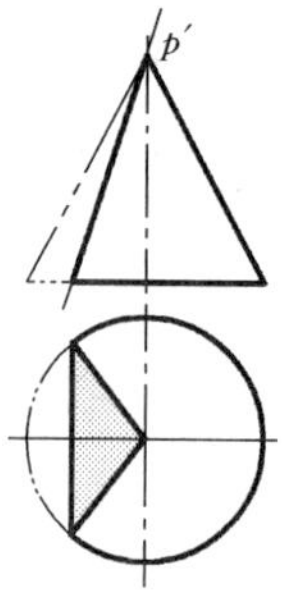
形状	圆周	椭圆	抛物线	双曲线	直线

一般情况下，平面与曲面立体的截交线，可根据曲面的形状与截平面的相对位置，作出必要的截交点来顺次连成。

截交线为截平面和曲面所共有，实为曲面上一些线与截平面的交点，或为截平面上一些直线与曲面的交点。截交点作法有如下两种：

（1）积聚投影法：当截平面或柱面垂直于某投影面而有积聚投影时，则截交点在这个投影面上的投影就位于这些积聚投影上而成为已知，其余投影可借助于曲面或截平面上的线来作出。当截平面为一般位置时，也可应用辅助投影面法，使其具有积聚投影来求截交点。

（2）辅助平面法：可通过曲面上所取的直线或纬圆等作辅助平面，与截平面交得一条辅助交线，则辅助交线与所取得直线或纬圆的交点，即为截交点；或者直接作辅助平面，与截平面和曲面交得两条辅助交线，则它们的交点亦为截交点。

当直接作辅助平面时，则其选择的原则是：应尽量使得与曲面交得的辅助交线的投影形状为易于绘图的直线或圆周等。

8.2.1　平面和圆柱相交

【例 8 - 3】　求图 8.2.1 中平面 P 和圆柱的截交线。

首先找出"特殊点"，本例的特殊点主要是圆柱的 V 面和 W 面投影的转向轮廓线上的点 A、B、C、D 等四个点，如图 8.2.2 所示。

为了精确描点的需要，本例还需增加几个"一般点"，由于圆柱的侧面在 H 面有积聚性，故只要作连系线即可求出这些一般点。注意由于椭圆有对称性，故我们在求作一般点时，也要相应地作出对称的点来，参见图 8.2.2。

可见性的判别可以利用特殊点来决定，由于 B、D 两点是 W 面转向轮廓线的点，故 B、D 两点是可见与不可见的分界点，A 点在其左方（即 W 面投影的前方），故 A 点为可见点；同理可得 C 点为不可见点。和可见点相连的截交线用实线，和不可见点相连的

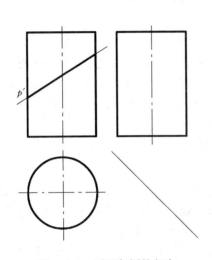

图 8.2.1　平面与圆柱相交

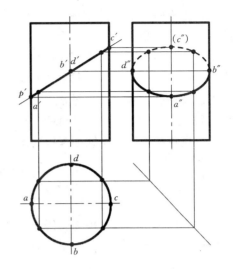

图 8.2.2　作图结果

截交线用虚线，最终的结果如图 8.2.2 所示。

8.2.2　平面和圆锥相交

【例 8-4】　求图 8.2.3 中平面 P 和圆锥的截交线。

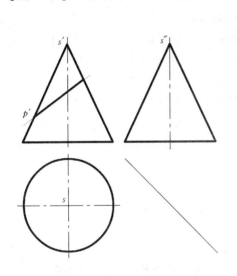

图 8.2.3　平面与圆锥相交

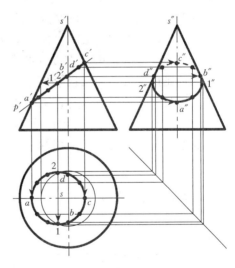

图 8.2.4　作图结果

首先找出"特殊点"，本例的特殊点主要是圆锥的 V 面和 W 面投影的转向轮廓线上的点 A、B、C、D 四个点，以及圆锥的长短轴上的点 Ⅰ 和点 Ⅱ，共计 6 个特殊点，如图 8.2.4 所示。

其中 A、B、C、D 只要利用连系线即可获得，而 Ⅰ、Ⅱ 两点需要通过辅助纬圆来获得。

为了精确描点的需要，本例还需增加几个"一般点"，首先利用椭圆的对称性，作出

和 B、D 两点对称的点，然后在椭圆曲率变化较大的地方适当增加一个一般点及其与之对称的点，参见图 8.2.4。

可见性的判别可以分两步完成：其 H 面投影由于圆锥侧面全可见，故截交线的 H 面投影也为全部可见；其 W 面投影的可见性可以利用特殊点来决定，由于 B、D 两点是 W 面转向轮廓线的点，故 B、D 两点是可见与不可见的分界点，A 点在其左方（即 W 面投影的前方），故 A 点为可见点；同理可得 C 点为不可见点。和可见点相连的截交线用实线，和不可见点相连的截交线用虚线，最终的结果如图 8.2.4 所示。

8.3 直线与立体相交

直线与立体相交，可以视为直线贯穿立体，故直线与立体表面的交点，称为贯穿点。

一般情况下，直线与立体相交，有两个贯穿点；但是，直线也可与立体只交于一点，如交于立体的顶点处，或者交于立体棱线或边线上一点；此外，直线与曲面立体的曲面部分相切时，也可视为相交的特殊情况，即两个贯穿点趋近成一个切点。

贯穿点求法和截交线的求法相近，可分为"积聚投影法"和"辅助平面法"。

积聚投影法：当立体的表面有积聚投影或直线有积聚投影时，则贯穿点的一个投影成为已知，于是可以利用"点在线上"或"点在面上"来求出贯穿点的其余投影。

辅助平面法：①过已知点作一辅助平面；②求出辅助平面与已知立体表面的辅助截交线；③辅助截交线与已知直线的交点，即为所求的贯穿点。

直线穿入立体内部的一段，可视为与立体相融合，故不必画出。位于立体外部的直线段，其投影又在立体的投影范围以外的那部分，则观看时由于没有被立体遮住而必为可见，其投影应画成实线；而其投影与立体的投影重叠的部分，则其可见性由贯穿点的可见性来决定，而贯穿点的可见性与它所在立体表面的可见性相同。也就是当贯穿点可见时，则贯穿点以外的直线段亦是可见的，其投影画成实线；反之，当贯穿点不可见时，则贯穿点旁边的直线段亦不可见，应该将该贯穿点到立体的投影外形线之间的直线段投影画成虚线。

8.3.1 平面立体的贯穿点

【例 8‑5】 图 8.3.1，求直线 L 与四棱柱的贯穿点。

解：如图 8.3.2 所示，直线 L 可能与四棱柱交于 A、B、C 三点，其中 H 面投影中利用积聚性可获得 A、C 两点，V 面投影中利用积聚性可获得 B 点。利用连系线作出它们另外一个投影可以看出，C 点的 V 面投影 c' 已经位于四棱柱的投影轮廓之外，应加以排除。则直线 L 和四棱柱的交点应为 A、B 两点，结果如图 8.3.2 所示。

【例 8‑6】 图 8.3.3，求直线 AB 与三棱锥的贯穿点。

解：如图 8.3.4 所示，过直线 AB 作辅助平面 Ⅰ Ⅱ Ⅲ 垂直于 V 面，并求得该平面和三棱锥的辅助截交线 Ⅰ Ⅱ Ⅲ 的 H 面投影 123。则直线 AB 的 H 面投影 ab 和 123 的交点 m、n 即为贯穿点的 H 面投影，再利用连系线获得其 V 面投影，结果如图 8.3.4 所示。

作辅助线时其中 Ⅰ、Ⅲ 两点可以直接获得，而点 Ⅱ 由于本例没有画出 W 面投影，因

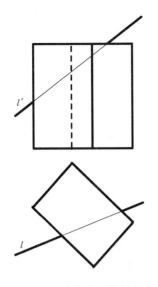

图 8.3.1　直线与四棱柱相交

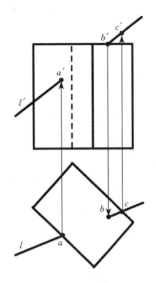

图 8.3.2　作图结果

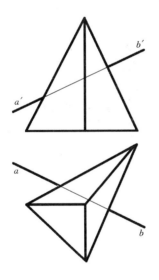

图 8.3.3　直线与三棱锥相交

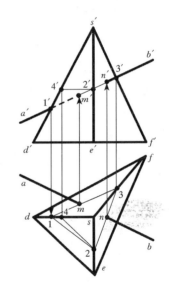

图 8.3.4　作图结果

此需作平行于底面的辅助线 Ⅱ Ⅳ 来获得。

　　由于 H 面投影中锥的侧面全部可见，而 M、N 两点全部在锥的侧面上，故贯穿点的 H 面投影都是可见的，从而得出直线的 H 面投影是可见的。V 面投影利用"轮廓线判别法"可知 m′ 位于不可见区，而 n′ 位于可见区（可以从 H 面中看出）。因此，1′M′ 为虚线，N′3′ 为实线。

8.3.2　曲面立体的贯穿点

【例 8-7】　图 8.3.5，求直线 AB 和圆锥的贯穿点。

　　解：由于 AB 直线在 V 面积聚，故本例可转化成已知圆锥面上点的一投影求另一投影问题。如图 8.3.6 所示，过直线的积聚投影作辅助纬圆，H 面投影中纬圆和直线 AB 的投影 ab 的交点即为所求贯穿点的 H 面投影。

本例可见性比较简单，其 V 面投影积聚成一点，无需判别。贯穿点的 H 面投影位于圆锥的侧面上，而侧面为可见面，故其投影全部为可见。

最终的结果如图 8.3.6 所示。

【例 8 - 8】 图 8.3.7，求直线 AB 和圆球体的贯穿点。

解：如图 8.3.8 所示，包含直线 AB 作垂直于 H 面的辅助平面，则该平面在 H 面的

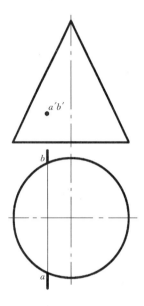

图 8.3.5 直线与圆锥相交

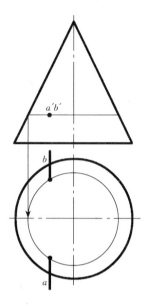

图 8.3.6 作图结果

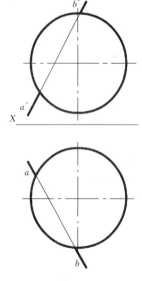

图 8.3.7 直线与圆球相交

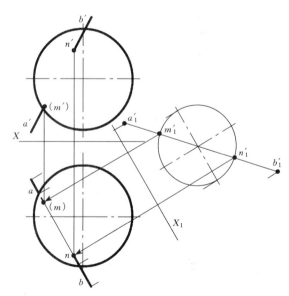

图 8.3.8 作图结果

投影和 ab 重合。辅助平面截切球体的截交线是圆，但该圆在现有的投影面中都不反映实形，故本例需使用投影变换，使其成为平行于投影面的圆。

作平行于 ab 的新的投影轴 X_1，求出辅助截交线和直线 AB 在新的投影面 V_1 面的投影。

辅助截交线和直线 AB 的交点即为所求的贯穿点。

贯穿点的可见性利用"轮廓线判别法"来判别。判断的结果如图 8.3.8 所示。在 V 面投影中 m' 为不可见点，n' 为可见点；在 H 面投影中 m 为不可见点，n 为可见点。和可见贯穿点相邻的直线段用实线表示，和不可见贯穿点相邻的直线段用虚线表示。当然位于球体投影轮廓之外的直线段始终是可见的，应该用实线表示。

第九章　立体与立体相交

本章要点

- ※ 平面立体的贯通孔或切口：棱柱的切口，棱锥的切口。
- ※ 平面立体与平面立体相交：棱柱与棱柱的相贯线，棱柱与棱锥的相贯线。
- ※ 曲面立体的贯通孔或切口：圆柱的切口，棱锥的切口。
- ※ 平面立体与曲面立体相交：棱柱与圆柱的相贯线，圆柱与棱锥的相贯线，棱柱与圆锥的相贯线。
- ※ 曲面立体与曲面立体相交：圆柱与圆柱的相贯线，圆柱与圆锥的相贯线。

两立体相交，又称为两立体相贯。相交的立体则称为相贯体。相交两立体表面的交线称为相贯线。相贯线上的点则称为相贯点。

两立体的相贯线，可以是一组，也可以是两组。除了曲面体相切的情况外，相贯线总是闭合的。

两平面立体的相贯线，一般情况下为空间折线，特殊情况下可为平面折线。组成相贯线的折线段，称为相贯线段。其中，每一条相贯线段，为两个平面立体的有关两棱面的交线；每两条相贯线段的转折点，为一个立体的棱线与另一个立体棱面或棱线的交点，平面立体的相贯点即指这种交点。

投影图中两立体相交时所要解决的主要问题，是根据两立体的投影求作相贯线的投影。

两相贯体可视为一个整体，因而一个立体位于另一个立体内部的部分必互相融合而不复存在，故不需画出。

相贯线的求解一般有两种：截交线法和贯穿点法。

截交线法是指使用平面去——截切立体，然后将其拼接成相贯线。

贯穿点法是指将参与相贯的棱线（或转向轮廓线）——求得其相贯点，然后根据一定的次序连成相贯线。

相贯线的作图主要步骤是：

(1) 判断参与相贯的立体表面，排除和相贯无关的面。

(2) 判断参与相贯的表面或棱线的投影有无积聚性，若有积聚性，则使用所谓的"截交线法"或"贯穿点法"来解题，若无积聚性可以利用，则需要使用"投影变换"来转换类型，使其具有积聚性，以便解题。

(3) 使用"截交线法"或"贯穿点法"求解相贯线。

(4) 使用"方位判别法"或"轮廓线判别法"判断相贯线的可见性。

(5) 判断两立体相贯后，原棱线或转向轮廓线的取舍和可见性判别。

9.1 立体的贯通孔和切口

一立体被另一立体贯穿后的空洞部分称为贯通孔。其孔口线实际上相当于两个立体的相贯线。

一立体被另一立体局部贯穿后的切去部分称为切口。其孔口线实际上也相当于两个立体的相贯线。

总之，贯通孔和切口的作图，均可归结为相贯线的作图。但与相贯线不同的是，在贯通孔和切口内，应留下假想的另一立体，即应画出其棱线或外形线。

9.1.1 平面体的贯通孔和切口

【例 9－1】 如图 9.1.1 所示，完成带有三棱柱孔的四棱柱的 H 面和 W 面投影。

解：本例适宜采用"贯穿点法"求解

本例参与相贯的面有，四棱柱的四个侧面和三棱柱形孔洞的三个侧面。参与相贯的几个面都有积聚性，故本例不需用其他的辅助手段，只需使用连系线即可。

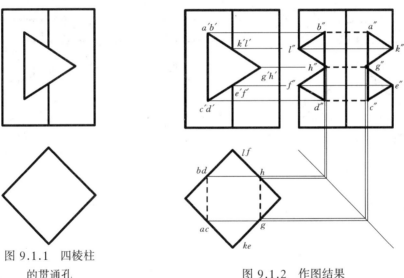

图 9.1.1 四棱柱
的贯通孔

图 9.1.2 作图结果

为了方便定位各个贯穿点，我们将各个贯穿点加以标注，如图 9.1.2 所示。标注时可根据参与相贯的各棱线的次序依次编排。本例是三棱柱完全贯穿四棱柱，故本例的切口线有两组。从 V 面投影可以看出，一组是位于前面的可见线，由 A、C、E、G、K 组成；另一组是和前一组完全重合的线，由 B、D、F、H、L 组成。并且它们的连线次序分别是：$A \rightarrow C \rightarrow E \rightarrow G \rightarrow K \rightarrow A$ 和 $B \rightarrow D \rightarrow F \rightarrow H \rightarrow L \rightarrow B$。

由于三棱柱在 V 面积聚成三角形，故从 A 到 L 各点的定位相当于已知在四棱柱的表面上这些点的 V 面和 H 面投影，求其 W 面投影。因而只需利用连系线即可解决。

可见性的判别如下：

H 面投影，由于三棱柱孔的棱线位于四棱柱的内部，故从上部看是不可见的，因此应为虚线。

  W 面投影，从 H 面投影可以看出，K、E、L、F 是 W 面轮廓线上的点，为可见点；A、B、C、D 四点位于 W 面轮廓线之左（即 W 面投影的前方），也为可见点；不可见点只有 G、H 两点。因此，除 KG、EG、LH、FH 等线段以外，其他的相贯线段都应该是可见线。但是由于遮挡 G、H 的四棱柱的这一部分已被三棱柱切掉，KG、EG、LH、FH 位于轮廓的部分依然应该使用实线来表示。

  AB、CD、GH 是三棱柱位于四棱柱体内的部分，故应使用虚线补出。

  最终结果如图 9.1.2 所示。

  【例 9‑2】 如图 9.1.3 所示，作出带切口的四棱锥的 H 和 W 面投影。

  解：本例适宜使用"截交线法"来求解。

  由于用于截切的平面都在 V 面积聚，故应首先从 V 面投影入手。

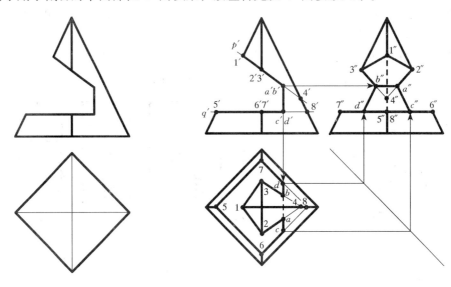

    图 9.1.3 带切口的四棱锥   图 9.1.4 作图结果

  本例首先使用辅助平面 P 和 Q 将四棱锥进行整体截切，得到 Ⅰ Ⅱ Ⅳ Ⅲ 和 Ⅴ Ⅵ Ⅷ Ⅶ 两组截交线，然后再取其位于 Ⅰ 到 AB 之间和 Ⅴ 到 CD 之间的部分，并连接 AC 和 BD 即可得到所求的切口线即相贯线的投影。此方法即所谓的"先整体后局部"作图法。对于截切类的题目，作图时尽量使用整体截切控制截交线的形状，然后再根据截切面的位置取其所包含的部分。这样的作图方法可以达到事半功倍的效果。

  可见性判别应首先使用"轮廓线总是可见"将最外的轮廓线确定，然后再使用"轮廓线判别法"分清可见和不可见区域，将不可见的棱线用虚线画出。最后将切口的棱线位于实体内的部分画出，如图中的 AB 和 CD 等棱线。

  最后结果如图 9.1.4 所示。

9.1.2 曲面立体的切口

  【例 9‑3】 图 9.1.5，完成带有部分圆柱形切口的圆锥的三面投影。

解：参与相贯的是圆锥的侧面和圆柱孔洞的侧面，由于锥面无积聚性，故本例需使用辅助线来求解贯穿点。

首先在 V 面中对"特殊点"进行标注，如图9.1.6所示。其中，A、M 为圆锥 V 面转向轮廓线上的点；D、E、H、J 为圆锥 W 面转向轮廓线上的点；B、C、K、L 为圆柱 W 面转向轮廓线上的点；F、G 为圆柱 H 面转向轮廓线上的点。

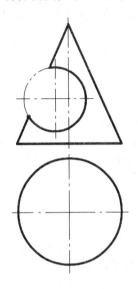

图 9.1.5　带切口的圆锥

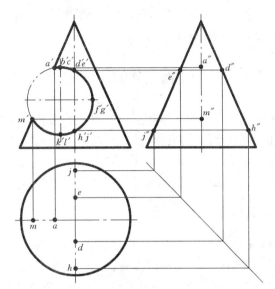

图 9.1.6　圆锥转向轮廓线上的点

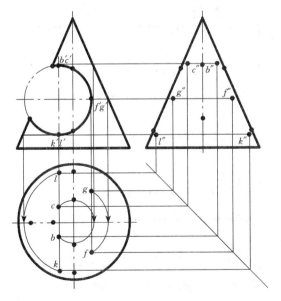

图 9.1.7　圆柱转向轮廓线上的点

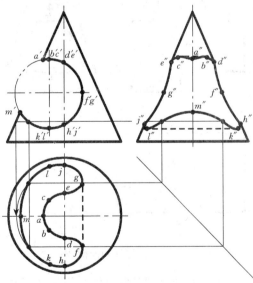

图 9.1.8　最终结果

圆锥转向轮廓线上的点 A、D、E、H、J、M 可以利用圆柱侧面的积聚性直接获得，如图9.1.6所示。

圆柱转向轮廓线上的点 B、C 和 F、G 以及 K、L 需使用辅助平面截切圆锥，利用这些点在辅助截交线圆周上获得其投影。如图 9.1.7 所示。

在求得这些特殊点之后，我们还需根据已有的这些点的分布情况，在点的分布比较稀疏地方适当增加一些"一般点"，如图 9.1.8 所示。

在求得足够多的点之后，需用光滑的曲线依次连接这些点。如图 9.1.8 所示。

本例相贯线的可见性可以利用圆锥侧面的可见性来判断。除相贯线之外，还需补出圆柱形孔洞的转向轮廓线的投影线，由于是在圆锥切口的内部，因而不可见，应使用虚线画出。

最终结果如图 9.1.8 所示。

9.2 平面立体与平面立体的相贯线

平面立体与平面立体相贯，其解题方法和前述的切口类所用方法相类似，有"截交线法"和"贯穿点法"两种。所不同的是，可见性的判别更加复杂一些，相贯线的可见性取决于两个相贯的立体。只有那些同时位于两个立体可见面上的相贯线才是可见的。只要是在一个立体的表面上是不可见的相贯线，它就是不可见的。

9.2.1 截交线法

【例 9-4】 图 9.2.1，完成相贯的四棱柱和四棱台的 H 面和 V 面投影。

解：本例通过分析可以发现，所有的相贯点都集中于两个平面上，如图 9.2.2 所示。我们可以用平面 P 和 Q 完整截切四棱台，所得截交线为和底面相似的正方形。

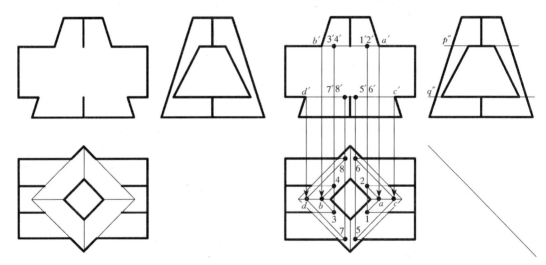

图 9.2.1 四棱柱和四棱台相贯 　　图 9.2.2 辅助截交线法求贯穿点

平面 P 所截切的截交线可以利用四棱柱上底面在 V 面的积聚性，直接获得 A 点和 B 点的投影。在 H 面中可以通过 a 和 b 作平行于四棱台底面的辅助截交线，从而获得相贯点 1、2、3、4。通过连系线得到 1′、2′、3′、4′。

同样，作平面 Q 截切四棱台获得 5、6、7、8 以及 5′、6′、7′、8′。

通过对这八个点所属的棱面，将同属同一棱面的相贯点两两相连，可以连得两组闭合的相贯线，如图 9.2.3 所示。

可见性判别可以直接根据四棱柱和四棱台的侧面可见性来判别。其中 V 面的可见性可以通过其形体前后对称形，判断出 V 面的投影无虚线。

H 面投影中，我们可以将四棱台和四棱柱分别单独加以考虑，四棱台的侧面全部可见，因此相贯线的可见性就取决于四棱柱。在 H 面中四棱柱只有底面为不可见面，故只有位于四棱柱底面上的相贯线是不可见的线，需用虚线画出。

在判断完相贯线的可见性之后，还需将四棱柱和四棱台被截断后的所剩棱线的投影加以完整化。本例的最终结果如图 9.2.3 所示。

9.2.2 贯穿点法

平面体与平面体相贯，当平面体的棱面较多，棱面与棱面的转折会令相贯线转折较多，也使得连接各相贯点比较复杂。同时相贯线的可见性判别也变得更加复杂。为了解决在相贯点求出后，众多的相贯点与点之间的连接关系如何解决，即谁与谁相连，用实线（可见线）相连还是用虚线（不可见线）相连等一系列问题，在此介绍一很实用的方法来解决这些问题，这个方法我们称之为"类似展开图法"。即将相贯点标注在平面体的类似展开图中，然后根据一定的规律得出上述问题的解答。下面以一具体的实例，详细介绍该方法的原理和使用方法。

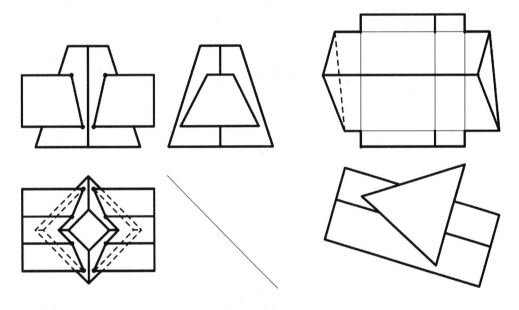

图 9.2.3 最终结果   图 9.2.4 三棱柱与三棱柱相贯

【例 9 - 5】 图 9.2.4，求作两三棱柱的相贯线。

解：为了分辨各个几何元素，首先要对棱柱进行必要的标注，如图 9.2.5 所示；由于棱柱的各个底面都不参与相贯，故本例只需将棱柱体的各个侧棱加以标注即可，并且为了表达形式简便，我们使用单字母来标注各个侧棱。

第一，可以排除棱线 C 和棱线 D，因为它们和另一柱体投影无重合部分，故不可能有实际的交点。

第二，利用竖放棱柱的 *AB*、*AC*、*BC* 棱面的积聚性，求解 *E*、*F* 棱线上的相贯点，如图 9.2.6 所示。

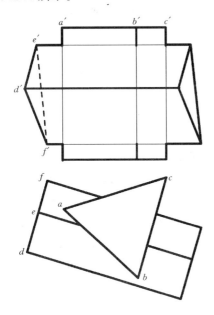

图 9.2.5　对棱柱的各棱线进行标注

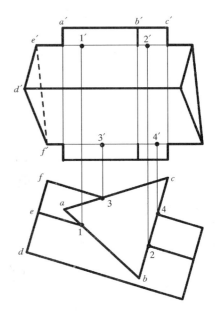

图 9.2.6　利用积聚性求解相贯点

第三，为了对求出的相贯点进行很好的管理，我们可用辅助的展开图（如图 9.2.7 所示）来加以控制。该展开图只是一个示意图，并不需要真正地去求三棱柱的展开图。为了表示相交，我们将横放的柱和竖放的柱展开后交叉放置，如图 9.2.7 所示。

第四，将求得的相贯点同时对应标注在辅助展开图中，如图 9.2.7 所示。

其中点 1 是 *E* 和 *AB* 面的交点、点 2 是 *E* 和 *BC* 面的交点、点 3 是 *F* 和 *AC* 面的交点、点 4 是 *F* 和 *BC* 面的交点。

第五，利用 *A*、*B* 棱线积聚成一点来求其贯穿点，此时可用"点在面上"来解决。此时可过 *a* 和 *b* 作平行于棱柱 *DEF* 的底面的辅助线，从而获得相贯点 5、6、7、8。如图 9.2.8 所示。

第六，将 5、6、7、8 四点标在辅助展开图中，如图 9.2.9 所示。

至此，我们已经将所有棱线和相对立体的相贯点全部求出，同时也获得了一个辅助展开图。

第七，将三棱柱 *ABC* 和 *DEF* 在 *V* 面中的不可见面分别判别后，标注于辅助展开图中。所谓的分别判别是指将每个三棱柱单独考虑其可见性，而不考虑它们相互之间的遮挡而造成的不可见因素。经判断可知两立体中不可见棱面为 *AC* 和 *EF*。用阴影将其在辅助展开图中标出。

第八，在辅助展开图中，位于阴影区中的线应为不可见线，应使用虚线连接，其他的线用实线连接。其连接规则是：每个方格的对边上点和邻边上点可以相连。而同一棱线上的点，或跨格的点不可相连。

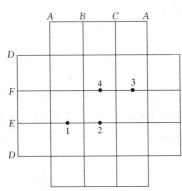

图 9.2.7 类似展开图

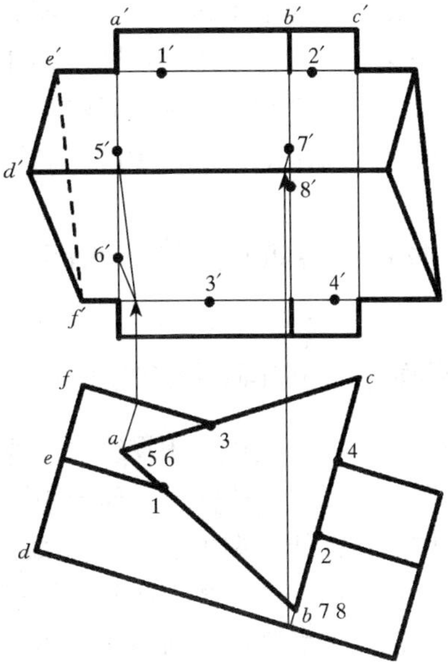

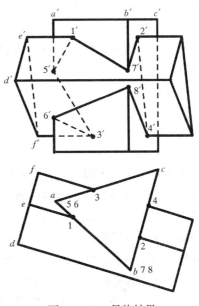

图 9.2.8 利用辅助线求解相贯点

　　根据这一规则，从图 9.2.9 中可以得出：点 1 和点 7 相连，用实线；点 7 和点 2 相连，用实线；点 2 和点 4 相连，用虚线；点 4 和点 8 相连，用实线；点 8 和点 6 相连，用实线；点 6 和点 3 相连，用虚线；点 3 和点 5 相连，用虚线；点 5 和点 1 相连，用虚线。从点 1 出发又回到了点 1，形成了一个闭合的线框，因此，相贯线是一组。

　　第九，根据上一步的结果在投影图中按照正确的线型依次连接各点，即可得到一组完整的相贯线，如图 9.2.10 所示。

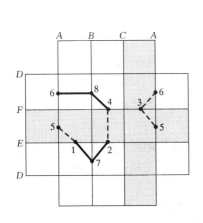

图 9.2.9 类似展开图判断可见性

图 9.2.10 最终结果

第十，根据已经求得的相贯线和前面章节所介绍的"三面共点"的连线规则（每个顶点必有三条棱线，且这三条棱线中不存在两条虚线加一条实线的情况）将三棱柱的各棱线的可见性一一加以判别，并用正确的线型将其投影完整化。

本例的最终结果如图 9.2.10 所示。

9.3　平面立体与曲面立体和两曲面立体的相贯线

9.3.1　平面立体与曲面立体的相贯线

平面立体与曲面立体的相贯线，一般情况下由若干段平面曲线段所组成。其中，每一条相贯线段，为平面立体的某棱面与曲面立体上曲面的截交线；每两条相贯线段的交点，为平面立体的某棱线与曲面立体上曲面的贯穿点。因此，求平面立体与曲面立体的相贯线，成为求作曲面立体的截交线和贯穿点。

如果平面立体的某棱面与曲面立体上曲面相交于直素线，则相贯线有直线部分；如平面立体与曲面立体上平面部分相交，则相贯线也有直线部分。这时相贯线段的交点，也可为曲面立体上轮廓线与平面立体上棱面的交点。

相贯线解题思路有两种：

其一，求出平面立体上棱线与曲面立体的贯穿点，或曲面立体上轮廓线与平面立体上棱面的贯穿点，以及曲面立体上一些线与平面立体的贯穿点，然后将两个立体表面上都是相邻的点相连，即成相贯线。

其二，直接求出所有平面立体的有关棱面与曲面立体上曲面的截交线，以及曲面立体上平面与平面立体的截交线，组成相贯线。

平面立体与曲面立体相贯线的求解方法有以下两种：

1. 积聚投影法

两相贯体中，当有棱面或柱面垂直于某投影面而有积聚投影时，则相贯点的一个投影必位于这种积聚投影上而成为已知，其余投影就可借助于另一立体表面上的线来作出。

2. 辅助平面法

通过平面立体上棱线或曲面立体的曲面上所取的一些线作辅助平面，求出它们与另一立体的辅助交线，则辅助交线与所取线的交点，即为相贯点。或者直线取辅助平面，分别与两个立体交得两条辅助交线，则它们的交点亦为相贯点。

作辅助平面时，应使得与立体交得的辅助交线的投影易于绘制。例如对于曲面，须使辅助交线的投影尽可能为易于绘制的直线或圆周等。

相贯线的可见性可逐段加以判定。只有位于平面立体的可见棱面上，又位于曲面立体的可见表面上的相贯线段，才是可见的。可见于不可见相贯线的分界点的投影，必在平面立体投影的外形棱线上或曲面的投影外形线上。

【例 9-6】　图 9.3.1，求正圆锥与三棱柱的相贯线。

解：从投影中可以看出，参与相贯的面有：圆锥的侧面、三棱柱的侧面。圆锥的底面和三棱柱的底面没有参与相贯。

本例可采用积聚投影法完成（在锥表面定点）。

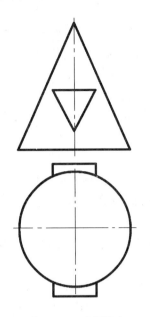

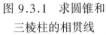

图 9.3.1　求圆锥和
三棱柱的相贯线

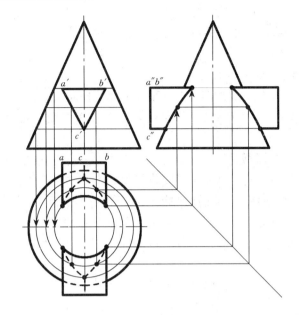

图 9.3.2　最终结果

由于参与相贯的三棱柱在 V 面投影中有积聚性，故本题的求解可转化成找出圆锥的表面呈三角形线的其他投影。

为了求解相贯点，我们可以作平行于圆锥底面的辅助圆线，如图 9.3.2 所示。三棱柱的三条棱线和圆锥的贯穿点为所求相贯线上的特殊点。为了控制相贯线的曲线走势，还需增加一些一般点，我们可以取三角形中部的点作为一般点，如图 9.3.2 所示。

在 H 面中，由于 AB 面平行于 H 面，故其截圆锥的截交线为圆周的一部分。请注意这些特殊情况，以免作出许多不必要的点，同时还影响曲线的质量。

本例的可见性判别也比较简单，W 面投影，由于立体左右对称，故 W 面中无不可见线。而 H 面中，圆锥的侧面为可见面，故相贯线的可见性就取决于三棱柱的侧面可见性。三棱柱的侧面，只有 AB 面为可见面，其他的面都是不可见面。相贯线的最终结果如图 9.3.2 所示。

在作出相贯线后，还需根据已有的相贯线判别三棱柱的三根棱线的可见性，这一步可以使用"三面共点"棱线的可见性规律来完成。这一点和前面的例子相似，不再赘述。

9.3.2　两曲面立体的相贯线

两曲面立体的曲面部分的相贯线，一般情况下是空间曲线，特殊情况下则是平面曲线。如两曲面立体的表面都有平面部分相交时，则相贯线还将有直线段；甚至，由直线面和平面组成的两曲面立体的相贯线，则相贯线还可能全部是直线。

求作两曲面立体的相贯线，当相贯线遇有直线部分或圆周时，则作出它们还是较为方便的。

一般情况下，两曲面立体的相贯线作法，可根据两曲面的形状、大小和位置，作出一些相贯点来顺次连得相贯线。

和前面的相贯线的作法相似，曲面立体和曲面立体相贯线的解法也有两种，即积聚投影法和辅助面法。

1. 积聚投影法

当曲面立体具有垂直于某投影面的柱面或棱面而有积聚投影时，则相贯点在这个投影面上的投影必位于这种积聚投影上而成为已知，其余投影就可借助于另一曲面上的线来作出。

2. 辅助面法

在一个曲面上取直素线或纬圆等，通过它们作辅助面，并求出与另一个曲面的辅助交线，则辅助交线与所取线的交点，即为相贯点。或者，直接取辅助面，分别与两个曲面交得两条辅助交线，则它们的交点亦为相贯点。

辅助面的选择，应使得与曲面交得的辅助交线的投影形状为易于绘制的直线或圆周等。

作图时必须作出"特殊点"。它们可能是曲面体轮廓线上的点，可能是曲面体轴线上的点等等。这些点往往是相贯线的可见与不可见部分的分界点。两曲面立体相贯线上各段的可见性，只有同时位于两个曲面立体的可见部分时，才是可见的。

【例 9-7】　图 9.3.3，求两正圆柱的相贯线。

解：纵观两圆柱的投影，可以发现参与相贯的竖放的圆柱在 H 面积聚，横放的圆柱在 W 面积聚。两圆柱的底面不参与相贯。本例适于使用积聚投影法求解。

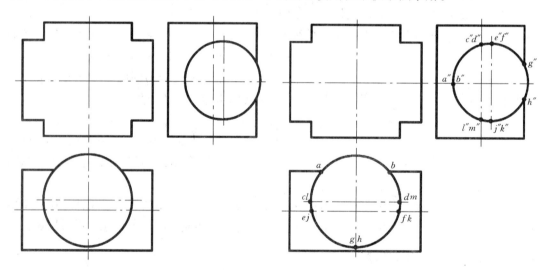

图 9.3.3　求两正圆柱的相贯线　　　　　图 9.3.4　标注特殊点

第一，我们需找出所有的"特殊点"，它们主要是两圆柱的转向轮廓线上的点，根据分析，得出如图 9.3.4 所示的特殊点，并一一将其标注。

从图 9.3.4 可以看出，完整地标注出特殊点是求解曲面立体相贯线的关键步骤。如果你能正确地标出，则像本例这样的题目，其相贯点的求解已转变成已知点的两面投影求第三面投影的问题。

第二，根据特殊点的 H 面、W 面投影，作出其 V 面投影，如图 9.3.5 所示。

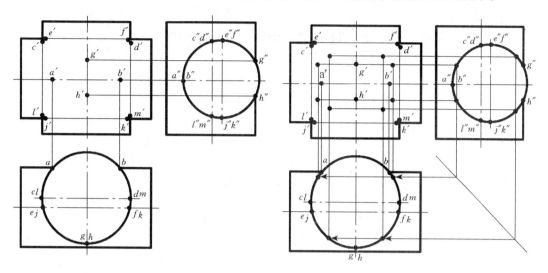

图 9.3.5 求解特殊点　　　　　　　　　图 9.3.6 求解一般点

第三，根据 H 面（或 W 面）投影中特殊点的标注，确定相贯点的连接次序。例如，我们可以从 A 点出发，顺着圆周，将标注在左边的可见点顺次连接到 B 点，次序是 A→C→E→G→F→D→B；然后再从 B 点开始转向右边的不可见点，其次序是 B→M→K→H→J→L→A。这样，我们从 A 点出发，又回到了 A 点。相贯线是闭合的一组空间曲线。

因此，相贯线的连接次序是 A→C→E→G→F→D→B→M→K→H→J→L→A。

第四，为了进一步控制曲线的走向，还需增加一些"一般点"，方法同上，结果如图 9.3.6 所示。

第五，利用 V 面两棱柱的转向轮廓线在 H 面中划分可见与不可见的分界区域。横放的柱以 efkj 为分界，竖放的柱以 cdml 为分界。两者的公共可见区域为 efkj。不可见的特殊点为 a′、b′、c′、d′、l′、m′。据此，可连得相贯线如图 9.3.7 所示。

第六，在求得相贯线的投影之后，还需根据已有的相贯线判别两个圆柱的四根转向轮廓线的可见性，这一步可以使用下述的原则来完成：

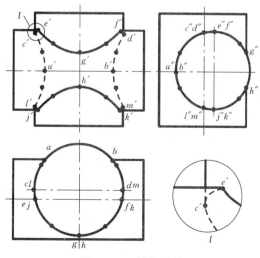

图 9.3.7 最终结果

（1）最外的轮廓线总是可见的；

（2）和相贯线上的可见点相连的转向轮廓线是可见的，用实线相连；和相贯线上的不可见点相连的转向轮廓线是不可见的，用虚线相连。

最终的结果如图9.3.7所示。

（图中的 I 节点详图是为了将转角处短小的相贯线细节表达清楚。）

第十章 轴 测 投 影

本章要点

- 轴测投影是单面平行投影，符合平行投影的特性：①空间互相平行的线段，它们的轴测投影仍互相平行；②空间互相平行的线段的长度之比，等于它们的轴测投影的长度之比。
- 轴间角和轴向变形系数，是画轴测投影的两个基本参数。不同的轴间角和轴向变形系数，可画出不同的轴测图。画轴测图时，要沿轴测量。
- 画轴测图的方法：①坐标法；②切割法；③端面法；④组合法。
- 两种常用的轴测图：正等测和斜二测。

10.1 轴测投影的基本知识

工程上一般采用正投影法绘制物体的投影图。如图 10.1.1（a）所示，多面正投影图是工程上应用最广泛的图样。它作图简便，度量性好，能表达各个方向的形状和大小。但是，其中的某一个视图通常只能反映物体两个方向的尺度和形状，不能同时反映物体长、宽、高三个方向的尺度和形状，缺乏立体感。需要对照几个视图和运用正投影原理进行阅读，才能想象物体的形状。

如图 10.1.1（b）是该物体的轴测图。这种图形象直观，容易看出各部分的形状，具

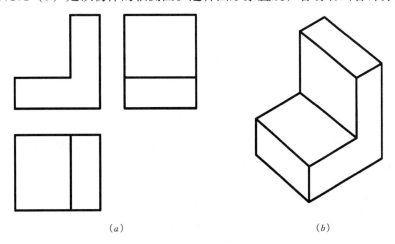

（a）　　　　　　　　　　　　　　　　（b）

图 10.1.1　正投影图和轴测图

（a）正投影图；（b）轴测图

有较好的立体感。但这种图的度量性差（例如正投影图中的投影面平行线在轴测图中由于不平行轴测轴而无法度量），形状也会发生变形（例如空间矩形在轴测图中可能变成平行四边形），且作图也较麻烦，工程上常用来作为辅助图样。

10.1.1　轴测图的形成

如图 10.1.2 所示的长方体，它的正面投影只能反映长和高，水平投影只能反映长和宽，都缺乏立体感。若在适当位置设置一个投影面 P，并选取合适的投影方向，在 P 平面上作出长方体及其参考坐标系的平行投影，就得到了长方体的轴测投影图，简称**轴测图**。P 平面称为**轴测投影面**。

轴测投影属于平行投影，轴测图是单面投影图。

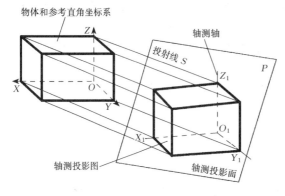

图 10.1.2　轴测图的形成   图 10.1.3　轴向伸缩系数示意图

10.1.2　轴间角和轴向变形系数

在轴测投影中，物体的参考坐标系 OX，OY，OZ 的轴测投影 O_1X_1，O_1Y_1，O_1Z_1 称为**轴测轴**，轴与轴之间的夹角，即 $\angle X_1O_1Z_1$，$\angle X_1O_1Y_1$，$\angle Y_1O_1Z_1$ 称为**轴间角**。

轴测轴上线段长度与坐标轴上相对应的线段长度之比称为**轴向伸缩系数**。如图 10.1.3 所示：

X 轴的轴向伸缩系数 $p = O_1A_1/OA$；

Y 轴的轴向伸缩系数 $q = O_1B_1/OB$；

Z 轴的轴向伸缩系数 $r = O_1C_1/OC$。

轴间角和轴向伸缩系数，是作轴测投影的两个基本参数。随着物体与轴测投影面相对位置的不同以及投影方向的改变，轴间角和轴向变形系数也随之变化，从而可得到各种不同的轴测投影。

仅根据轴向伸缩系数的变化，轴测投影可分为三类：

（1）$p = q = r$，称为（正或斜）等轴测投影。

（2）$p = q \neq r$，$p = r \neq q$，$q = r \neq p$，称为（正或斜）二测投影。

（3）$p \neq q \neq r$，称为（正或斜）三测投影。

10.1.3　轴测投影的特性

由于轴测投影属于平行投影，因此它具有平行投影的特性：

（1）空间互相平行的线段，其轴测投影仍然互相平行。

因此，与坐标轴平行的线段，其轴测投影与相应的轴测轴平行，如图10.1.4所示。

$A_1E_1 /\!/ F_1L_1$

$B_1C_1 /\!/ G_1H_1 /\!/ E_1D_1 /\!/ L_1K_1 /\!/ X_1$

$G_1B_1 /\!/ F_1A_1 /\!/ L_1E_1 /\!/ K_1D_1 /\!/ H_1C_1 /\!/ Y_1$

$A_1B_1 /\!/ C_1D_1 /\!/ H_1K_1 /\!/ F_1G_1 /\!/ Z_1$

（2）空间互相平行的线段的长度之比，等于它们的轴测投影的长度之比。

因此，与同一坐标轴平行的线段，它们的轴向伸缩系数相等。

由轴测投影特性可知，在轴测投影中，只有平行于轴测轴的方向才可以度量。轴测投影即由此得名。

例如：$B_1C_1 = p \times BC$；$G_1B_1 = q \times GB$；$A_1B_1 = r \times AB$。

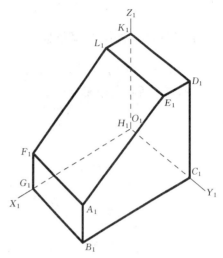

图 10.1.4　轴测投影的特性

对于在空间不与坐标轴平行的线段，无法用实长与轴向伸缩系数的积求得。通常先作出该线段两端点的轴测投影，然后相连。不能沿非轴测轴方向直接度量。

10.1.4　轴测图的分类

根据投射线与轴测投影面的相对位置，轴测图可分为正轴测图和斜轴测图。

当投射方向垂直于轴测投影面时，称为正轴测图。当投射方向倾斜于轴测投影面时，称为斜轴测图。

正轴测图按三个方向的轴向伸缩系数是否相等而分为三种：

三个轴向伸缩系数都相等的，称为正等轴测图，简称正等测。

两个轴向伸缩系数相等的，称为正二轴测图，简称正二测。

三个轴向伸缩系数都不相等的，称为正三轴测图，简称正三测。

同样，斜轴测图也相应地分为三种：

三个轴向伸缩系数都相等的，称为斜等测。

两个轴向伸缩系数相等的，称为斜二测。

三个轴向伸缩系数都不相等的，称为斜三测。

工程上常用的轴测图是正等测和斜二测。作物体的轴测图时，应先选择画哪一种轴测图，再确定各轴向伸缩系数和轴间角。通常将 Z_1 轴画成铅垂位置，再根据轴间角来安排 X_1，Y_1 轴。

画轴测图时，一般只画可见轮廓，不画出物体的不可见轮廓。必要时可用虚线画出物体的不可见轮廓。

10.2 正等测

正等测图是工程上应用较多的一种轴测图。它作图简便，立体感强，特别是当两个或三个坐标面都有圆或圆曲线时，多采用正等测。

10.2.1 轴间角和简化伸缩系数

如图 10.2.1 所示，正等测投影中三坐标轴与轴测投影面 P 成相等的倾角，因此它的轴间角相等，各轴向伸缩系数也相等。即：

$$\angle X_1 O_1 Z_1 = \angle X_1 O_1 Y_1 = \angle Y_1 O_1 Z_1 = 120°$$

$$p = q = r \approx 0.82$$

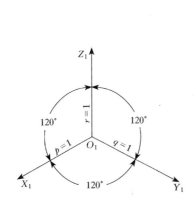

图 10.2.1　正等测轴间角和
简化伸缩系数

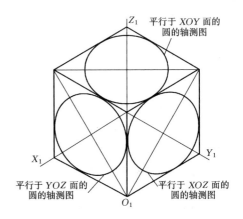

图 10.2.2　平行于坐标面的
圆的正等测

为了作图简便起见，常采用简化伸缩系数，即 $p = q = r = 1$。这样所作的正等测图，沿各轴向的所有尺寸都用真实长度（即直接在三视图中量取），简捷方便。不过，用简化伸缩系数画出的轴测图，在各个轴向都放大了 $1/0.82 = 1.22$ 倍，但与按准确的轴向伸缩系数画出的轴测图的形状是相似的。

10.2.2 平行于坐标面的圆的正等测

平行于三个坐标面的圆的正等测投影为三个大小相等的椭圆，如图 10.2.2 所示。画椭圆的关键是确定椭圆的长、短轴的方向和数值。按简化伸缩系数画出的椭圆，其长轴约为 $1.22d$，短轴约为 $0.7d$。从图中可以看出，平行于各个坐标面的椭圆的长短轴的方向有如下特点：

长轴：垂直于圆平面所垂直的坐标轴的轴测图（轴）。

短轴：平行于上述的这条轴测轴。

具体地说，就是：

平行于 $X_1O_1Y_1$ 面的椭圆，长轴$\perp O_1Z_1$轴，短轴$/\!/O_1Z_1$轴。

平行于 $Y_1O_1Z_1$ 面的椭圆，长轴$\perp O_1X_1$轴，短轴$/\!/O_1X_1$轴。

平行于 $X_1O_1Z_1$ 面的椭圆，长轴$\perp O_1Y_1$轴，短轴$/\!/O_1Y_1$轴。

作为一种辅助图样，画轴测图时，有时并不需要准确地画出各个要素的大小，只需表达物体的结构形状。因此，熟悉平行于各坐标面的圆的正等测椭圆的长、短轴的方向，就能徒手勾画出椭圆的投影，简便快捷。

椭圆的画法有多种。平行于坐标面的圆的正等测椭圆可采用菱形法近似画出，即用四段圆弧近似代替椭圆弧。如图 10.2.3 所示，是近似椭圆的画法。

作图步骤：

（1）如图 10.2.3（a），通过圆心 O 作坐标轴OX 轴、OY 轴和圆的外切正方形，切点为 1、2、3、4。

（2）如图 10.2.3（b），作轴测轴 O_1X_1，O_1Y_1 和切点 1_1、2_1、3_1、4_1。通过这些点作外切正方形的轴测投影（菱形）并作对角线。

（3）如图 10.2.3（c），连接 A_11_1、A_12_1、B_13_1、B_14_1，得到交点 C_1、D_1。A_1、B_1、C_1、D_1 就是四段圆弧的圆心。

（4）如图 10.2.3（d），以 A_1、B_1 为圆心，A_11_1 为半径，作圆弧 1_12_1、3_14_1，以 C_1、D_1 为圆心，作圆弧 1_14_1、2_13_1，四段圆弧连成近似椭圆。

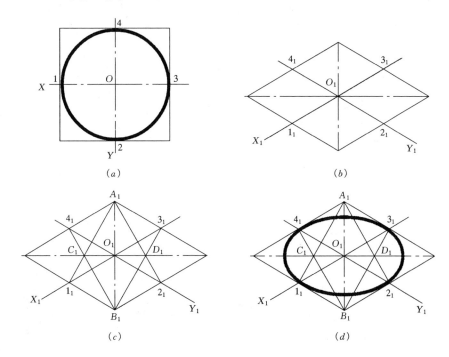

图 10.2.3　菱形法画近似椭圆

10.2.3　正等测图的画法

画轴测图的方法一般有坐标法、切割法、端面法、组合法。

根据物体上各点的坐标，沿轴向度量，画出各点的轴测图，并依次连接，得到物体的轴测图，这种方法称为坐标法。例如要画出与坐标轴不平行的的线段的轴测投影，就可用坐标法，求出直线端点的坐标，画出端点的轴测投影，然后相连。

对不完整的物体，可先画出完整的形体，然后用切割的方法画出其不完整的部分，这种方法称为切割法。

对一些组合体，则利用形体分析法，先将其分成若干基本形体，逐个画出轴测投影，最后完成整个物体的轴测图。这种方法称为组合法。

对于柱类物体，通常先画出能反映棱柱、圆柱等形状特征的一个可见端面，然后画出其余的可见轮廓线，完成物体的轴测图。这种方法称为端面法。

画轴测图通常按以下步骤进行：

（1）对物体进行形体分析，确定坐标轴。

（2）作出轴测轴。并按坐标关系画出物体上点和线，从而连成物体的轴测图。

值得注意的是，在确定坐标轴和具体作图时，要考虑作图简便，有利于按轴测轴度量，并尽可能减少作图线，使图形清晰。

下面举例说明几种方法的画法。

【例 10-1】 根据截头棱锥的平面图和立面图，画出它的正等测图。

解： 如图10.2.4所示，由于线段Ⅰ、Ⅱ和线段Ⅲ、Ⅳ不平行于坐标

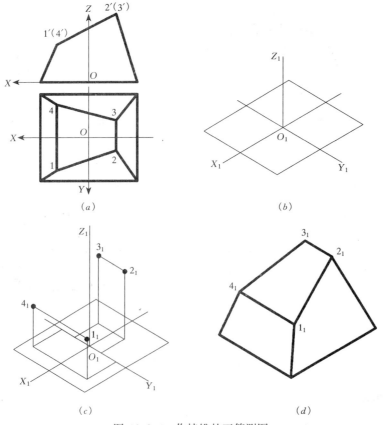

图 10.2.4 作棱锥的正等测图

法求出Ⅰ、Ⅱ、Ⅲ、Ⅳ点的坐标，然后连成线。

作图步骤：

（1）如图 10.2.4（a），在视图上定出直角坐标。

（2）如图 10.2.4（b），画轴测轴。沿轴测轴方向量取底面矩形各边的长度，画出底面的轴测图。

（3）如图 10.2.4（c），作点Ⅰ、Ⅱ、Ⅲ、Ⅳ的轴测投影。沿 X_1 轴、Y_1 轴分别量出Ⅰ、Ⅱ、Ⅲ、Ⅳ点的 X 坐标和 Y 坐标，定出它们在 $X_1O_1Y_1$ 面的位置，再沿 Z_1 轴量出各点的 Z 坐标，得到Ⅰ、Ⅱ、Ⅲ、Ⅳ点的轴测投影。

（4）如图 10.2.4（d），连接各点及棱线并加深，得到截头棱锥的轴测图。

【例 10-2】 根据物体的三视图，画出它的正等测图。

解：如图 10.2.5 所示，根据物体的三视图 10.2.5（a），可知该物体是矩形经切割后而形成的。画它的轴测图，可采用切割法，先画出完整的矩形，再按尺寸要求逐个切掉多余部分，得到物体的正等测。

作图步骤：

（1）图 10.2.5（a），在三视图上确定直角坐标轴。

（2）图 10.2.5（b），作轴测轴，并按尺寸要求作出完整的矩形的正等测。

（3）图 10.2.5（c），根据视图中的尺寸 a 和 b 画出矩形左上角被正垂面切割掉的一个三棱柱后的正等测。

（4）图 10.2.5（d），根据视图中的尺寸 c 和 d 画出左前角被一个铅垂面切割掉的三

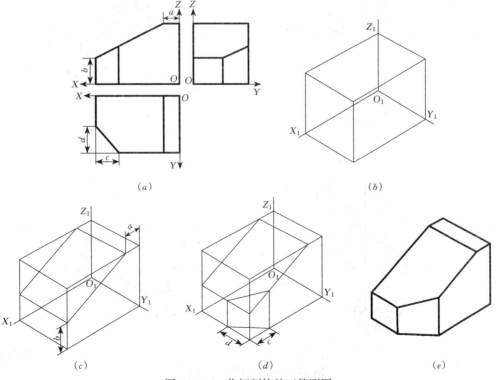

图 10.2.5　作切割体的正等测图

棱柱后的正等测。

（5）图 10.2.5（e），擦去作图线，加深，即得切割体的正等测。

【例 10‒3】 根据物体的三视图，作出它的正等测。

解：如物体的三视图 10.2.6（a）所示，物体由上、下两块板组成。可采用组合法分别画出底板和竖板的正等测，最后完成整个物体的正等测。

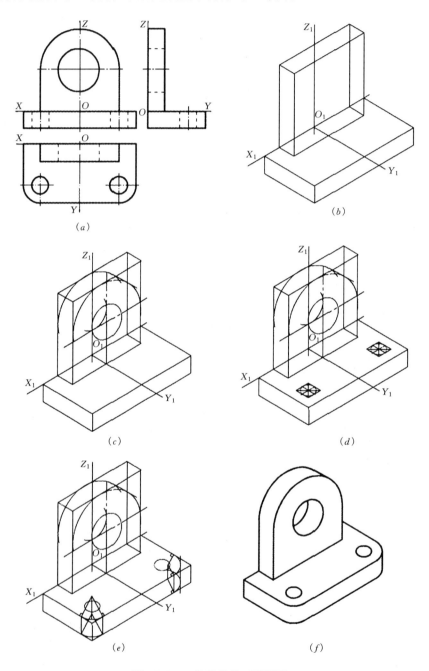

图 10.2.6 作物体的正等测图

作图步骤：

（1）图 10.2.6（a），在视图上确定直角坐标轴。为了减少作图线，保持图面整洁、清晰，XOY 坐标面选在底板上平面比选在下平面好。

（2）图 10.2.6（b），作轴测轴。画出底板和竖板的轮廓。

（3）图 10.2.6（c），用菱形法画出竖板前端面平行于 XOZ 面的圆的正等测椭圆，并用**移心法**画出后端面可见部分的椭圆。

（4）图 10.2.6（d），用菱形法画出底板上平面平行于 XOY 面的圆的正等测椭圆。下平面的椭圆不可见，不需画出。

（5）图 10.2.6（e），画底板前端面两侧圆弧的正等测。先画上端面圆弧的正等测，然后用移心法画下端面的圆弧的正等测。并画出右侧上下两段圆弧的公切线。

（6）图 10.2.6（f），擦去作图线，加深。

圆弧的正等测画法如图 10.2.6（e），在底板上端面距边沿为 R（圆弧半径）处作垂线，两条垂线的交点就是所求的圆心，半径为圆心到垂足的距离，画弧即可。

10.3　斜二测

斜二测作图简便，当物体上平行于一个坐标面的方向上有较多的圆或曲线时，多选用斜二测。

10.3.1　轴间角和简化伸缩系数

如图 10.3.1 所示，将坐标轴 OZ 放成铅垂位置，并使坐标面 XOZ 平行于轴测投影面，当投影方向与三个坐标轴都不平行时，则形成正面斜轴测图。在这种情况下，轴测轴 O_1X_1 和 O_1Z_1 仍为水平方向和铅垂方向。轴向伸缩系数 $p=r=1$，物体上平行于 XOZ 坐标面的直线、曲线和平面图形在正面斜轴测图中都反映实长和实形。而 Y 轴的方向和轴向伸缩系数 q，可随着投射方向的变化而变化。当 $q=1$ 时，为斜等测。当 $q\neq1$ 时，为斜二测。通常取 $q=0.5$。

正面斜二测的轴间角和简化轴向伸缩系数为：
$$\angle X_1O_1Z_1=90°,\ \angle X_1O_1Y_1=\angle Y_1O_1Z_1=135°$$
$$p=r=1,\ q=0.5$$

如图 10.3.2 所示为另一种斜轴测图，称为水平斜轴测图。其轴间角为：
$$\angle X_1O_1Y_1=90°,\ \angle X_1O_1Z_1=120°,\ \angle Y_1O_1Z_1=150°$$

当 $p=q=r=1$ 时，为水平斜等测。

当 $p=q=1$，$r\neq1$ 时，为水平斜二测。

通常用水平斜轴测图，画建筑物的鸟瞰图。

10.3.2　平行于坐标面的圆的斜二测

如图 10.3.3 所示，平行于三个坐标面的圆的斜二测投影分别是：平行于 XOZ 面的圆的斜二测，仍是大小相同的圆。平行于 XOY 面和 YOZ 面的圆的斜二测是椭圆。

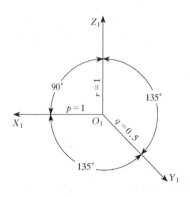

图 10.3.1　正面斜二测轴间角
和简化伸缩系数

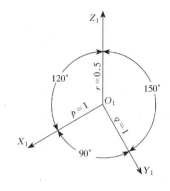

图 10.3.2　水平斜轴测轴间角
和简化伸缩系数

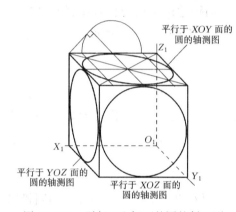

图 10.3.3　平行于坐标面的圆的斜二测

圆的斜二测椭圆可用八点法画出。借助圆的外切正方形的轴测图，定出属于椭圆上的八个点。如图 10.3.4 所示，具体作图方法如下：

（1）如图 10.3.4（a），画出圆的外切正方形，正方形各边中点为 A、B、C、D，正方形对角线与圆周交点为 E、F、G、H。

（2）如图 10.3.4（b），画出该正方形的轴测图，并求出 A、B、C、D、E、F、G、H 的轴测投影 A_1、B_1、C_1、D_1、E_1、F_1、G_1、H_1。

（3）将 A_1、B_1、C_1、D_1、E_1、F_1、G_1、H_1 这八个点依次光滑连接起来，就得到圆的斜二测椭圆。

用八点法绘椭圆时，要使用曲线板将八个点连成椭圆，不太方便。所以，当物体只有平行于 XOZ 面的圆时采用斜二测最有利。

当同时又有平行于 XOY 或 YOZ 面的圆时，则尽量避免选用斜二测画椭圆，最好选用正等测。

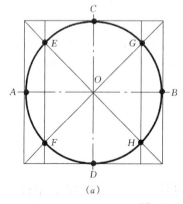

（a）

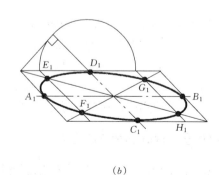

（b）

图 10.3.4　八点法画椭圆

10.3.3　斜二测的画法

斜二测的画图方法和步骤与作正等测相同。下面举例介绍斜二测的画法。

【**例 10‑4**】　根据物体的视图，画出它的正面斜二测。

解：如图 10.3.5（a）所示，物体的正面有圆弧，因此将有圆弧的坐标面作为正面，画出它的正面斜二测。采用端面法，先画出物体的前端面的实形，然后沿 Y 轴方向画出后端面的可见轮廓，完成它的正面斜二测。

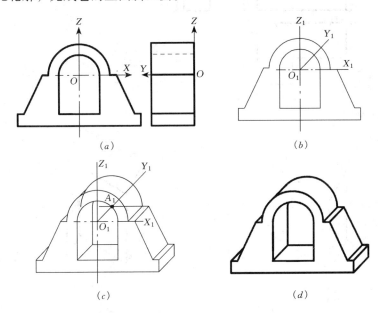

图 10.3.5　作物体的正面斜二测

作图步骤：

（1）图 10.3.5（a），在视图上确定直角坐标。

（2）图 10.3.5（b），画出轴测轴，根据尺寸要求画出前端面的实形。

（3）图 10.3.5（c），画后端面。后端面的圆弧可用**移心法**画出，即将前端面的圆弧的圆心 O_1 沿 Y_1 轴向后移动至 A_1，因为轴向伸缩系数 $q = 0.5$，所以 $O_1 A_1$ 为物体厚度的 1/2。并画出前后端面圆弧的公切线。

（4）图 10.3.5（d），擦去多余线，加深。

【**例 10‑5**】　根据物体的视图，画出它的水平斜等测。

解：如图 10.3.6 所示，作图步骤如下：

（1）图 10.3.6（a），在视图上确定直角坐标。

（2）图 10.3.6（b），画出轴测轴，根据尺寸要求画出底面的实形。

（3）图 10.3.6（c），在底面上立高度，完成底稿。

（4）图 10.3.6（d），擦去多余线，加深。

本章主要介绍了正等测和斜轴测图（斜二测和斜等测）的画法。正等测作图方便，且由于正等测图中平行于三个坐标面的圆的正等测椭圆形状相同，画法相同，因此，当物体上两个或三个坐标面的平行面有圆或圆弧时，多采用正等测。当物体上只有一个坐标面的平行面上有圆或曲线时，采用斜二测。若画正面斜二测，将有圆或曲线的这个面作为正面，按实形画出，这样作图简便又快捷。

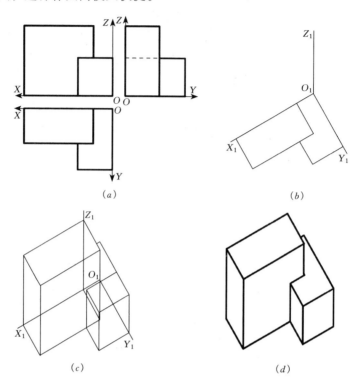

图 10.3.6　作物体的水平斜等测

第十一章 标 高 投 影

本章要点

- ◈ 点和直线的标高投影
- ◈ 平面和平面立体的标高投影
- ◈ 曲面和曲面立体的标高投影
- ◈ 地形图与同坡曲面

11.1 点和直线的标高投影

在土木工程中，对于形状不规则的地面、弯曲的道路等，不宜也不便采用前面所述的各种投影方法来表达，因此采用水平投影并标出点、线、面等的高度来表达空间形体的方法，这种方法称为标高投影法，这时的投影称为标高投影。由于水平投影是正投影，故标高投影具有正投影的一些特性。

11.1.1 点的标高投影

在点的水平投影旁，标以带有该点离开水平投影面高度数字的字母时，就是该点的标高投影。图 11.1.1 为空间状况。设空间有三个点 A、B、C，则 a_3、b_0、c_{-2} 分别表示 A 点的标高为 3，B 点的标高为 0，C 点的标高为 -2。标高高于 H 面时为正，正好在 H 面上时为零，在 H 面下方时为负。长度单位一般为米（m）。图中同时还应画出带有刻度的比例尺，如图 11.1.2 所示。

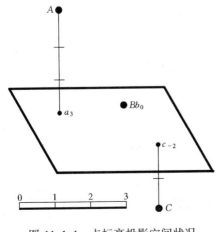

图 11.1.1 点标高投影空间状况

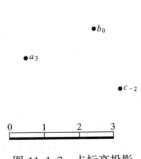

图 11.1.2 点标高投影

反之，根据一点的标高投影，就可确定该点在空间的位置。如由 a_3 点作垂直于 H 面的投射线，并向上量 3m，即可得到 A 点。

11.1.2 直线的标高投影

直线的标高投影，除了直线的水平投影外，其标注和表示方法如下：

（1）直线由它的水平投影加注直线上两点的标高投影来表示。如图 11.1.3 中一般位置直线 AB、H 面垂直线 CD 和水平线 EF，它们的标高投影分别为 a_5b_2、c_5d_2、e_3f_3，如图 11.1.4 所示。

（2）水平线也可由其水平投影加注一个标高来表示。如图 11.1.4 中等高线 3 所示，由于水平线上各点的标高相等，故水平线本身及其投影均称为等高线。

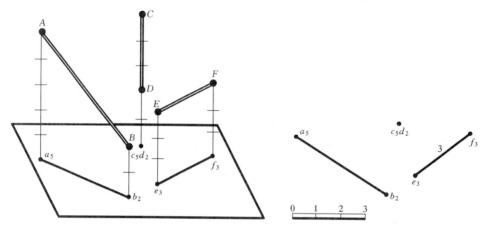

图 11.1.3　直线标高投影空间状况　　　图 11.1.4　直线标高投影

（3）一般位置直线也可由其水平投影加注直线上一点的标高投影以及直线的下降方向和坡度 i 来表示。如图 11.1.5 所示，其标高投影由 a_5 及坡度为 $i=2/3$ 和表示下降方向的箭头来表示。

坡度 i 为直线上任意两点间的高度差 I 同其水平距离 L 之比；相当于两点间的水平距离为 1 单位长度（m）时的高度差；也为直线对 H 面的倾角 α 的正切值 $\mathrm{tg}\alpha$。即

$$坡度\ i = \frac{I}{L} = \frac{i}{1} = \mathrm{tg}\alpha$$

除了上述的要素之外，标高投影还有如下的一些要素：

（1）刻度：标高投影的刻度为直线上有整数标高的诸点的投影，但不注各点的字母而仅标注各点的标高。如图 11.1.6 中的 3、4 等刻度。

（2）平距 l：直线上两点间高度差为 1 单位长度（m）时的水平距离 l，称为平距或间距。即

$$平距\ l = \frac{L}{I} = \frac{l}{1} = \frac{1}{\mathrm{tg}\alpha} = \frac{1}{i}$$

如图 11.1.6 中所示的平距 l。

从图 11.1.6 中可以看出，标高投影中求直线的实长，依然可以使用直角三角形法，只是坐标差改用两点的标高差代替而已（$5-2=3$）。

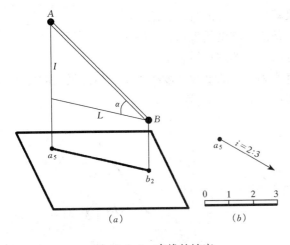

图 11.1.5　直线的坡度

（a）空间状况；（b）标高投影

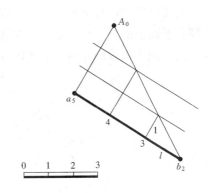

图 11.1.6　刻度与平距

11.2　平面和平面立体的标高投影

11.2.1　平面的标高投影

平面的标高投影可以由下列的几种形式来表示：

（1）平面由面上一组等高线表示，如图 11.2.1 所示。

一个平面上的诸等高线必互相平行，且平距相等。一组等高线的标高数字的字头应朝向高处，好像由低处向上看，因而图中字母方向有颠倒情况。等高线用细线表示，但为了易于查看，可每隔四条加粗一条，并且可以仅注粗线的标高。

（2）平面由坡度比例尺表示，如图 11.2.2 所示。

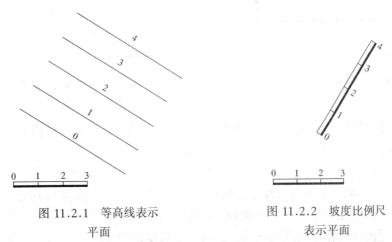

图 11.2.1　等高线表示
平面

图 11.2.2　坡度比例尺
表示平面

坡度比例尺就是平面上带有刻度的最大坡度线（最大斜度线）的标高投影，仍用平行的一粗一细双线表示。这是因为平面的坡度就是平面上最大坡度线的坡度，并且最大坡度

117

线与等高线互相垂直，故根据坡度比例尺就可定出等高线来决定平面。

（3）平面由面上任意一条等高线和一条最大坡度线表示，如图 11.2.3 所示。

最大坡度线用注有坡度和带有下降方向箭头的细直线表示。

（4）平面由面上任意一条一般位置直线和平面的最大坡度线表示。但是最大坡度线的下降方向一般为大致的方向，故用虚线表示。如图 11.2.4 所示。

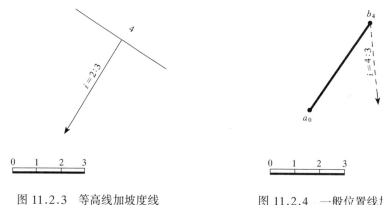

图 11.2.3　等高线加坡度线
表示平面

图 11.2.4　一般位置线加
坡度线表示平面

（5）水平面除了作出轮廓线的水平投影外，还需用一个完全涂黑的三角形加注标高来表示，如图 11.2.5 所示的平面即为标高为 20 的水平面。

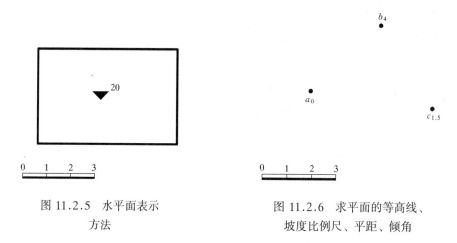

图 11.2.5　水平面表示
方法

图 11.2.6　求平面的等高线、
坡度比例尺、平距、倾角

【例 11-1】　　图 11.2.6，已知一平面上 ABC 三点的标高投影，求该平面的等高线、坡度比例尺、平距和倾角。

解：

（1）连接 AB 和 BC，并作出它们的刻度。将等高的点相连即可得到等高线 2 和 3。再根据平面上等高线相互平行作出其他的等高线，如图 11.2.7 所示。

（2）在合适的位置作等高线的垂线，即可作出坡度比例尺。

（3）坡度比例尺上相邻两刻度间的距离即为平距。

（4）以平距为一直角边，以长度为 1 的直线为另一直角边作一三角形，则斜边和平距间的夹角即为倾角。

最终的结果如图 11.2.7 所示。

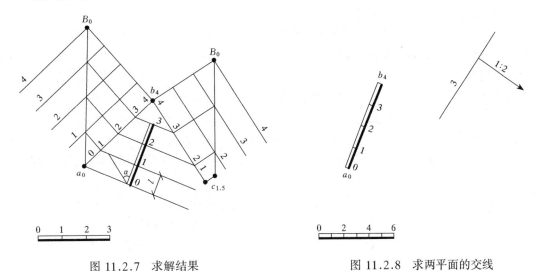

图 11.2.7　求解结果　　　　　　　　　　图 11.2.8　求两平面的交线

【例 11‑2】　图 11.2.8，已知两平面的标高投影，求两平面的交线。

解：

（1）作出坡度比例尺表示的平面的等高线 0 和 3。如图 11.2.9 所示。

（2）作出坡度线表示的平面的另一根等高线 0。它和等高线 3 相距 3 个平距。平距 l 等于坡度的倒数。其距离为 $3 \times 2 = 6$m。

（3）分别延长两个同高度的等高线，使其相交，由于同高度的等高线位于同一个水平面上，故同高度值的等高线的投影交点即为其空间的真实交点 C 和 D。

（4）连接所得的两个交点 C 和 D，则 CD 即为所求两平面的交线。

最终的结果如图 11.2.9 所示。

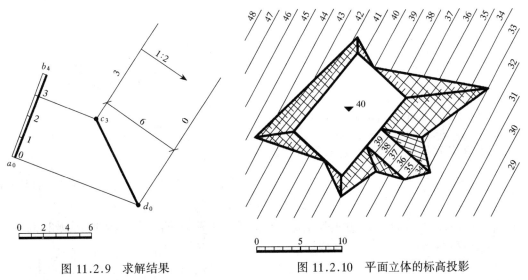

图 11.2.9　求解结果　　　　　　　　图 11.2.10　平面立体的标高投影

119

11.2.2　平面立体的标高投影

标高投影中，平面立体由其表面、棱线和顶点的标高投影来表示。

图 11.2.10 是带有坡道的一座平台的标高投影。其中，地面为倾斜的平面，平台顶的矩形是标高为 40m 的水平面，斜坡道的等高线如图所示。平台的边坡中由于平台的右前方高于地面，故边坡为填方，左后方的平台低于地面，故边坡为挖方。填挖方的分界点是标高为 40 的平台顶面矩形的边线与地面的标高为 40 的等高线的交点。图中还作出了边坡的交线以及边坡与地面的交线，它们均为各面上标高相同的诸等高线的交点的连线，且三个面间的三条交线应交于一点。设已知填方坡度为 2∶3，挖方坡度为 1∶1。于是作平台四周边坡时的平距分别为填挖方坡度的倒数，即 3∶2 和 1；斜坡道的边坡的等高线作法同前。

在完成交线后的图形中，为了增强立体感，可在边坡面上画上长短相同的细线，称为示坡线。其方向平行于坡度线，即垂直于等高线，且短划应画在高的一侧，其间距宜小于坡面上等高线的间距。当边坡范围较大时，可仅在一侧或两侧局部画出示坡线，甚至长划亦可不画到对边。

11.3　曲面和曲面立体的标高投影

11.3.1　曲线的标高投影

曲线的标高投影，由曲线上的一系列点的标高投影的连线来表示，如图 11.3.1 所示。呈水平位置的平面曲线，即为等高线，一般只标注一个标高，如图 11.3.2 所示。

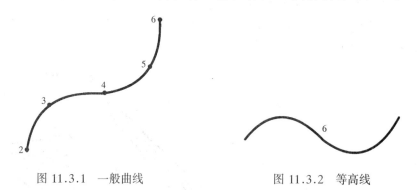

图 11.3.1　一般曲线　　　　　　　　　　图 11.3.2　等高线

11.3.2　曲面的标高投影

曲面的标高投影，由曲面上的一组等高线表示。这组等高线相当于一组水平面与曲面的交线。

图 11.3.3 和图 11.3.4 分别为正置的正圆锥和倒置的正圆锥的空间状况及标高投影。在它们的标高投影中，所有等高线均为一些距离相等的同心圆。

图 11.3.5 为一个正置的斜圆锥，下方为标高投影，上方为 $A－A$ 断面图。由于该锥

面的左侧素线的坡度大，右侧素线的坡度小，故等高线间距离左侧密，右侧稀。因而等高线成为一些不同心的圆周。

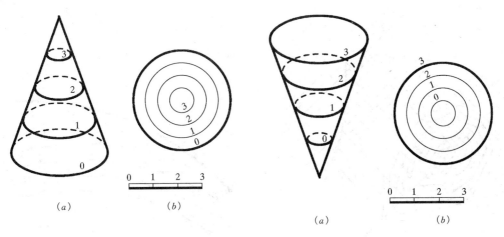

图 11.3.3　正置的正圆锥面的标高投影　　图 11.3.4　倒置的正圆锥面的标高投影
（a）空间状况；（b）标高投影　　　　　　　（a）空间状况；（b）标高投影

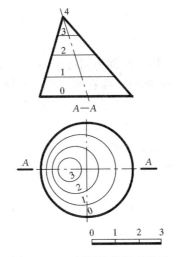

图 11.3.5　斜圆锥的标高投影

11.4　地形图与同坡曲面

11.4.1　地形图

图 11.4.1 中地面的标高投影亦由等高线表示，称为地形图：这些等高线一般为不规则的平面曲线。该图的中部标高大，故为山丘的标高投影。等高线中只标注出了标高为 15 和 20 的等高线，且这两条线用较粗的线表示。

该地形图的右上方，为 A - A 断面图，作法如图所示。它可以清楚地显示出断面处的地面起伏形状。

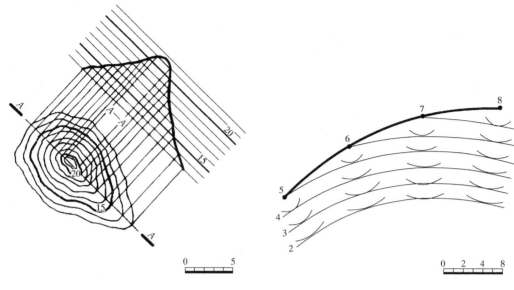

图 11.4.1   地形图   图 11.4.2   同坡曲面

11.4.2   同坡曲面

曲面上各处的坡度相同时，该曲面称为同坡曲面。正圆锥面即为一例。

图 11.4.2，设通过一条曲线 5678，在右前方有一个坡度为 1:2 的同坡曲面，它可以看作是以曲线上各点为顶点的、坡度相同的诸正圆锥面的包络面。因而同坡曲面的各等高线相切于诸正圆锥面的标高相同的诸等高线。

因此，如已知曲线的标高投影，并知同坡曲面的坡度，则以其倒数为平距，并以此为半径差来作出诸圆锥面上同心圆形状的诸等高线，由之可作出同坡曲面上与它们相切的诸等高线。

【例 11‑3】   图 11.4.3，已知地形图中的道路的圆弧状边线的水平投影以及路面上的等高线的标高投影。填方坡度为 2:3，挖方坡度为 4:5，求道路边坡上的等高线及边坡与地面的交线。

解：本图中，由于左端路面的标高 8m 处标高大于地面的标高，故左端道路的边坡为填方；相反地，右端路面的标高 11m 处的标高小于地面的标高，故右端道路的边坡为挖方。道路边坡为同坡曲面，该面上等高线间距离，填方为 3:2，挖方为 5:4。以之为半径差，按照图 11.4.2，在路边上刻度 8、9 等处作诸同心圆，即可作出边坡上与它们相切的诸等高线。本图中，插入了标高为 9.5 等的等高线，由之可作得较多的同心圆来使得边坡上诸等高线作得较为准确。

边坡的诸等高线同地面的标高相同的等高线的相交点的连线，即为边坡与地面的交线。

挖填方的分界处，为路面与地面的交线。本图中，在路面和地面上插入标高为 9.5m 的等高线。由之可定出交线 ab，使之与路边交得挖填方的分界点 c 和 d。

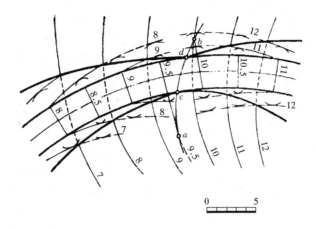

图 11.4.3　道路的标高投影